通·识·教·育·丛·书

数学思想要义

THE ESSENCE OF
MATHEMATICAL THOUGHT

范后宏 ◎ 著

北京大学出版社
PEKING UNIVERSITY PRESS

图书在版编目(CIP)数据

数学思想要义/范后宏著；—北京：北京大学出
版社，2018.9
 （通识教育丛书）
 ISBN 978-7-301-29808-4

Ⅰ.①数…　Ⅱ.①范…　Ⅲ.①数学—思想方法　　Ⅳ.①O1-0

中国版本图书馆 CIP 数据核字（2018）第 192256 号

书　　　　名　数学思想要义
　　　　　　　SHUXUE SIXIANG YAOYI
著作责任者　范后宏　著
责 任 编 辑　尹照原
标 准 书 号　ISBN 978-7-301-29808-4
出 版 发 行　北京大学出版社
地　　　址　北京市海淀区成府路 205 号　　100871
网　　　址　http://www.pup.cn　　　新浪微博：@北京大学出版社
电 子 信 箱　zpup@pup.cn
电　　　话　邮购部 62752015　发行部 62750672　编辑部 62752021
印 刷 者　北京鑫海金澳胶印有限公司
经 销 者　新华书店
　　　　　　　787 毫米×1092 毫米　16 开本　9.75 印张　192 千字
　　　　　　　2018 年 9 月第 1 版　2019 年 12 月第 2 次印刷
定　　　价　29.00 元

内 容 简 介

　　本书是根据作者在北京大学多次讲授通选课"古今数学思想"的讲稿整理而成，重点讲解那些在哲理上较为深刻的数学思想。内容包括数学语言的真善美、数学思维方式、Euclid 公设、中国古代数学、奇妙的虚数、Newton 思想与自然背后的方程、Euler 与 Gauss 的承前启后、Galois 思想与方程背后的对称、Riemann 的内在空间新思维、深奥的球面与 Poincaré 问题、对称背后的同伦与 Atiyah-Singer 指标理论，等等。本书可作为高等院校数学思想类通选课的教材或教学参考书，其中有关中学数学的内容也适合中学生阅读，可以提高中学生对数学深刻性的认识。为了方便教师多媒体教学，作者为本书中的要点提供了PPT (Power Point) 文件。

前　　言

北京大学的"古今数学思想"课是面向全校本科生的一门通选课，我讲授过多次。讲课用的是 PPT(PowerPoint) 讲稿，同学们希望我把 PPT 讲稿加以整理和完善，写成一本书。这门课是一学期课程，每周 2 学时，课时有限，难以面面俱到。北京大学的学生基础好，期望高，即使是通选课，内容也不能只限于一般性的介绍。因此，这门课挑选了那些在数学哲理上较为深刻的数学思想做重点讲解，特别指出其在数学思维方式上的变革。因此就有了本书的名字《数学思想要义》。

眼前的一张桌子，能看得见摸得着。数学不像桌子，看不见摸不着，怎么能说数学是存在的呢？什么是"存在"？这个问题一直是哲学家们思索的很难的问题，往往是一个哲学体系要回答的基本问题 (参见 [67] 第 53 页)。在不同的哲学体系中，对存在的理解不尽相同。在现代存在论中，海德格尔说"语言是存在的家"[67]。在这个哲学体系中，也可以说"数学语言"是"数学存在"的家。

数学语言与通常语言有着本质的不同。数学语言的第一特征是数学语言是形式逻辑"自洽"的。Hilbert 明确地确定了一个数学公理体系是一个"数学存在"的必要条件是：它的所有公理在形式逻辑推演过程中是"自洽"的，即不可能同时推出一个命题和它的否定命题。

数学语言的第二特征是数学语言有不可思议的"魔力"：人类通过数学语言，可以了解太阳系、银河系、13 亿年前发出的引力波、130 亿年前的早期宇宙；可以了解原子、电子、夸克；可以控制天上的飞船、手机里的上亿个晶体管、机器人下围棋，等等。数学语言的第三特征是几乎"完美"。如果某个数学体系中有不完美的地方，那么数学家们会一代接着一代尽力去完善它。数学语言的第一特征反映数学语言的"真"；第二特征反映数学语言的"善"；第三特征反映数学语言的"美"。数学语言实质是人类在实践中追求永恒"真善美"的精神产物，是人类本质力量的精确符号化。

数学语言是"数学思维"的表达。数学中有四种基本思维方式："形""数""逻辑""自然理性"。它们的"统一"对数学的发展是至关重要的。在古希腊数学中，形和逻辑是统一的，这是古希腊数学的特色。Newton 在《自然哲学之数学原理》(1687) 中实现了数学和自然理性的统一，因此，近代欧洲数学在深度和广度上大大超过了古希腊数学。Hilbert 在 1899 年构造了实数公理体系，实现了数与逻辑的直接统一。从此，在现代数学中，形、数、逻辑、自然理性全都是统一的，因此现代数学在深度和广度上大大超过了近代欧洲数学。上述内容是第一章要讲的主题。

Euclid 几何的五个公设是欧氏几何的本质。现在每个初中生都要学平面欧氏几何。那么 Euclid 几何五个公设的确切含义是什么呢？有哪些引申？这些是第二章要讲的主题。

中国古代数学存在着一个悠久的价值观和传统：方程与算法。这反映在中国古代数学发展的一条主线中：从公元前 1 世纪《九章算术》中的一次方程组的消元算法，到公元 14 世纪朱世杰的《四元玉鉴》中高次方程组的消元算法。

中国古代数学另一条主线是"几何计算"：从大约公元前 11 世纪的"勾广三，股修四，径隅五"，到公元 5 世纪祖冲之和祖暅的球体积公式和祖氏原理。但令人不解的是，中国几何计算主线在公元 5 世纪之后似乎停止了发展。如果这条主线能一直发展到宋代，特别是其中的"极限"方法，与宋代发达的"方程"和"级数"相结合，那么就有可能发展出中国的微积分方法、中国的无穷级数方法。这表明，"数"与"形"的统一对数学的飞跃发展是至关重要的。

在"几何论证"这一条线上，中国古代数学也迈出了显著的两步：大约公元前 4 世纪，《墨经》中有一些几何概念、逻辑概念、逻辑演绎规则；公元 3 世纪，赵爽对勾股定理给出了一个"经验性的"证明。但没能迈出第三步：如果按《墨经》中"辩"(论证) 的基本规则，对赵爽的勾股定理证明中用到的"故"(前提) 和"辞"(判断) 追问下去，按前后次序来排序，那么就有可能发现"最前面的故"，作为"公设"，从而建立"中国几何的逻辑体系"。所以，古代中国几何学与古希腊几何学的关键区别在于"形"与"逻辑"是不是统一了。这个区别是影响深远的。这些是第三章要讲的主题。

虚数概念的发展是一个传奇。一开始，在 16 世纪，虚数 $\sqrt{-1}$ 被当作是操作式的。在 17 世纪，Newton 不认为虚数有物理意义，Leibniz 认为虚数介于存在与不存在之间。到 18 世纪末和 19 世纪初，Gauss 在实质上把虚数 $a+b\sqrt{-1}$ 看作实数对 (a,b)，其"乘法"定义为 $(a_1,b_1)\cdot(a_2,b_2)\equiv(a_1a_2-b_1b_2,a_1b_2+b_1a_2)$。这样就有 $(0,1)^2=(-1,0)$。$(-1,0)$ 被看作 -1，就得到 $(0,1)^2=-1$。Gauss 解释了 $\sqrt{-1}=(0,1)$ 是"数学存在"。惊奇的是，在 20 世纪的量子力学中，虚数 $\sqrt{-1}$ 成为表达位置与动量关系的关键数学量。这些是第四章要讲的主题。

从 Newton 的万有引力方程推出 Kepler 的行星运动三个定律的数学过程并不长，但对于数学价值的认识是一个无与伦比的飞跃：大自然的秘密隐藏在它背后的方程中，即"自然背后的方程"。Newton 和 Leibniz 是微积分原理的共同发现者，但他们的微积分特色有所不同。他们在数学中还有其他显著的工作。这些是第五章要讲的主题。

Euler 和他同时代的数学家们继承了 Newton 和 Leibniz 的数学思想，在众多方向上把数学向前推进。Gauss 的工作中已经蕴含了一些现代数学的"种子"。这些是第六章要讲的主题。

对多项式的研究是数学发展的一个动力。在中学里，我们就知道字母系数的一元二次、三次、四次方程的根都可以由它的系数与有理数经过有限次四则运算与"根式"运算而得到。Abel 证明了对于一般字母系数的一元五次方程，这样做不到。但对于有些数字系数的任意次方程却可以做到，例如，Gauss 证明了对于 $x^n = 1$ 就可以做到。那么，一个基本问题出现了：对哪些多项式方程可以做到呢？Abel 得到了一个充分条件，但没有得到"充分必要条件"。想得到这个充分必要条件需要数学新思想：考察方程所有根之间的所有"对称性"，即"方程背后的对称"。这个对称结构及其深层意义首先是由 Galois 认识到的。

事实上，不仅数学中多项式方程背后有对称，而且，令人惊异的是，"大自然基本方程背后也有对称"：Maxwell 方程的背后有 $U(1)$ 规范对称；Einstein 狭义相对论方程背后有 Lorentz 对称；Einstein 广义相对论方程背后有广义协变对称；Yang-Mills 方程背后有 $SU(2)$ 规范对称。"对称原理"已成为物理学最基本原理之一。"方程背后的对称"是"自然背后的方程"的发展。这些是第七章、第八章要讲的主题。

Galois 的新思想是从研究一元方程中激发出来的。如果研究多元方程，就会遇到"多值"函数的困难。例如，研究二元方程 $x^2 + y^2 = 1$，就会遇到多值函数 $y = \pm\sqrt{1-x^2}$。经典微积分中思维方式是：把一个整体方程 $x^2 + y^2 = 1$ 分成两个局部单值分支 $y = \sqrt{1-x^2}$ 和 $y = -\sqrt{1-x^2}$，但在 $x = 1$ 处它们不可导，说是奇点。这不符合实际：$x^2 + y^2 = 1$ 代表一个圆，每点都是光滑的、等价的、没有任何奇点。克服这个困难需要新的数学思维方式：摆脱经典微积分中"单个坐标系"的束缚，大胆想象出一种"内在空间"。这个大胆想象是由 Riemann 做出的。他在 1854 年的《关于几何基础的假设》中写道："Such researches have become a necessity for many parts of mathematics, e.g., for the treatment of many-valued analytical functions."（引自 [56] 第 32 页，中译文：这样的研究对数学的许多部分是必要的，例如，多值解析函数的处理。）这些是第九章要讲的主题。

Riemann 的"内在空间"新思维的意义在于：许多深层的数学"内在联系"在 20 世纪被揭示，这些内在联系在 19 世纪是不可想象的。许多"看似无关"的数学对象实际上存在着内在的联系，用现代数学语言说，就是"同伦""同胚""微分同胚"。例如，在 20 世纪 60 年代，数学家们发现方程 $z_1^5 + z_2^3 + z_3^2 + z_4^2 + z_5^2 = 0$ 的复数解空间的零点附近隐藏着一个"奇怪的球面"，它"连续"地看像 7 维球面，但"微分"地看又不像 7 维球面，用现代数学语言说，它"同胚"于标准 7 维球面，但又"不微分同胚"于标准 7 维球面。在 20 世纪 80 年代，数学家们又发现，在 4 维实线性空间上，"奇怪的微分结构"也出现了，而且还更多，有不可数个：4 维实线性空间上存在"不可数个"相互不微分同胚的微分结构。它们是在 20 世纪中"新发现的数学存在"。Milnor"奇怪的球面"的发现使得人类对于空间的理解，在非欧几何之后，又来了一次大的飞跃。"奇怪的微分结构"中隐藏着很多奥秘有待继续探索。它们与物质世界的联系是个诱人的谜。这些是第十章要讲的主题。

　　"球面"是至美的几何对象，"矩阵"是至美的代数对象，它们之间的至美的基本联系是什么呢？这个问题可以引出 20 世纪数学中的又一个深层发现：Bott 周期律。用现代数学语言说，就是稳定酉矩阵群的 k 维同伦群与它的 $k+2$ 维同伦群是同构的。通俗地说，Bott 周期律提供了从 k 维到 $k+2$ 维的一个"梯子"。不断地通过这个"Bott 梯子"，就可能把某类 $2n$ 维的复杂问题归约为 2 维的简单问题，把某类 $2n+1$ 维的复杂问题归约为 1 维的简单问题。而椭圆型线性微分算子的"指标"问题正好是这类问题。因此，通过这个"Bott 梯子"，就可以达到 20 世纪数学的一座"高峰"——Atiyah-Singer 指标定理：闭合定向微分流形上的椭圆型线性微分算子的"分析指标"等于它的"拓扑指标"。它能推出 20 世纪数学中许多"山峰"，如，代数几何中的 Riemann-Roch-Hirzebruch 定理、微分拓扑中的 Hirzebruch 指标定理、四维微分拓扑中 Rochlin 定理、数学 Dirac 算子的指标公式、数学 Yang-Mills 理论中模空间的维数公式，等等。这些重要定理都能归"根"到 Bott 周期律，足见 Bott 周期律的深度，足见同伦思想的力量。Bott 周期律是关于稳定酉矩阵"群"的"同伦"性质。在数学上，群即对称。因此 Bott 周期律代表的是"对称背后的同伦"的数学思想，它是"自然背后的方程"和"方程背后的对称"的更深发展。这些是第十一章要讲的主题。

　　Riemann 的"内在空间"思想在数学中发展得很广。在现代数学中，最一般的内在空间概念叫"拓扑空间"。它的定义"不需要"事先定义实数的概念，"不需要"事先定义坐标的概念，是"完全内在的"。拓扑空间的概念包含了极其广泛的数学对象：可以是光滑的，也可以是有奇点的；可以是有限维的，也可以是无穷维的；可以是连续的，也可以是离散的。拓扑空间可以来自几乎所有的数学分支。拓扑空间的概念实质上代表一种思维方式——用"内在空间"的思维去看数学对象，发现它们之间的"隐秘内在联系"。

　　关于拓扑学对 20 世纪下半叶数学发展的中心意义，菲尔兹奖和沃尔夫奖获得者 S. P. Novikov 这样评论道："The wealth of ideas introduced by topology and by the great mathematicians who worked in topology placed it in the centre of world mathematics from the mid 20th century. For example, between 1950 and 2002, a total of 44 Fields Medals were awarded at World Congresses to active young mathematicians under 40 years of age and recognised as the most outstanding. Among these were Serre (1954), Thom (1958), Milnor (1962), Atiyah (1966), Smale (1966), Novikov (1970), Quillen (1978), Thurston (1982), Donaldson (1986), Freedman (1986), Witten (1990), Vaughan Jones (1990), Kontsevich (1998), whose central mathematical contributions during those years relate to topology; also Kodaira (1950), Grothendieck

(1966), Mumford (1974), Deligne (1978), Yau (1982) and Voevodsky (2002), whose work is at the crossroads of the ideas of topology, algebraic geometry and homological algebra. ”(引自 [53] 第 804 页. 中译文：由拓扑学以及在拓扑学中工作的伟大数学家们引进的丰富的思想使得拓扑学从 20 世纪中期开始处于世界数学的中心。例如，在 1950 年到 2002 年之间，总共有 44 个菲尔兹奖在国际数学家大会上授予年龄在 40 岁以下的公认最杰出的活跃的年轻数学家。其中有 Serre (1954)，Thom (1958)，Milnor (1962)，Atiyah (1966)，Smale (1966)，Novikov (1970)，Quillen (1978)，Thurston (1982)，Donaldson (1986)，Freedman (1986)，Witten (1990)，Vaughan Jones (1990)，Kontsevich (1998)，他们在这些年间的首要数学贡献与拓扑学有关; 还有 Kodaira (1950), Grothendieck (1966)，Mumford (1974)，Deligne (1978)，Yau (1982) 和 Voevodsky (2002)，他们的工作是在拓扑、代数几何和同调代数的思想交汇处。)

　　由于作者的专业所限，选题难免有不全之处，敬请读者谅解。

范后宏

2018 年 4 月于北京大学

目　　录

第一章　数学语言与数学思维方式

第一节　数学语言的真善美

第一眼看数学，数学是一行行符号，像一种语言。那么，数学语言与通常语言有什么本质不同呢？

通常语言

数学是大自然的语言。

Mathematics is the language of nature.

数学语言是数学存在的家。

Mathematical language is the home of mathematical existence.

数学语言是真善美的统一。

Mathematical language is the unity of truth，goodness and beauty.

数学语言

$$x = \frac{-b \pm \sqrt{b^2 - 4ac}}{2a}$$

$$勾^2 + 股^2 = 弦^2$$

$$V = \frac{4}{3}\pi r^3$$

$$e^{\pi\sqrt{-1}} + 1 = 0$$

$$\int_a^b f(x)\mathrm{d}x = F(b) - F(a)$$

$$\sum_{n=1}^{\infty} \frac{1}{n^s} = \prod_{p\,素数}^{\infty} \frac{1}{1 - \frac{1}{p^s}}$$

$$f(x) \overset{L^2}{=} \frac{a_0}{2} + a_1 \cos x + b_1 \sin x + a_2 \cos 2x + b_2 \sin 2x + \cdots$$

$$\int_M K d\sigma = 2\pi e(M)$$

$$y^2 = x^3 + 17$$

$$Gal(x^5 + ax^4 + bx^3 + cx^2 + dx + e) = S_5$$

$$H^p(M) \cong H_{n-p}(M)$$

$$z_1^5 + z_2^3 + z_3^2 + z_4^2 + z_5^2 = 0$$

$$\pi_{n+2}(U) \cong \pi_n(U)$$

$$\dim \mathrm{Ker}D - \dim \mathrm{Coker}D = \langle Th^{-1}(Ch(d(E, F, \sigma(D))))Td(M), [M] \rangle$$

数学语言与通常语言有什么本质不同呢?

一、 数学语言的第一特征是形式逻辑自洽的

现代数学语言中的每个规范术语都是在某个数学公理体系中被严格定义的。Hilbert 在 1904 年提出一个数学公理体系在数学中能存在的必要条件是: 它的所有公理在形式逻辑推理过程中是自洽的, 也就是说, 不可能同时推出一个命题和它的否定命题。因此, 用数学语言, 就不可能推出形式逻辑上矛盾。

康德在《未来形而上学导论》(1783) 中写道:"这里有一种庞大的, 并且已得到证明的知识, 它现在就已经具有值得惊赞的规模, 并且预示着未来不可限量的发展; 它具有完全无可置疑的确定性, 也就是绝对的必然性, 因此不依据任何经验的根据, 从而是一种纯粹的理性产物, 此外它又完全是综合的。"①

在数学史上, 有的数学对象在刚开始时是数学家的大胆想象, 可能与通常经验不符合, 例如虚数、非欧几何。但只要定义它们的数学公理体系在形式逻辑上是自洽的, 它们都可以被看作是"数学存在"。这样, 数学家就可以不受已有体系的思维束缚, 大胆地运用想象力, 发现新的形式逻辑自洽体系。数学思维可以充分展现人类的本质力量之一——创造力。

二、 数学语言的第二特征是数学语言有不可思议的魔力

不可思议的是, 通过数学语言, 几个符号串就能准确地表达大自然中一些最基本规律, 如:

$$F = G\frac{mM}{r^2}$$

$$E = mc^2$$

$$S = 4\pi \left(r - \frac{G}{3c^2}M \right)^2$$

$$dF = 0, \quad d * F = J$$

$$d_A F_A = 0, \quad d_A * F_A = J$$

$$\hat{x}\hat{p}_x - \hat{p}_x\hat{x} = \sqrt{-1}\hbar$$

---

① 参见 [26] 第 281 页。

上面第一个是 Newton 万有引力公式；第二个是 Einstein 狭义相对论中质能公式；第三个是 Einstein 广义相对论中质量球的表面积公式；第四个和第五个是现代数学形式的 Maxwell 方程；第六个和第七个是现代数学形式的 Yang-Mills 方程；第八个是量子力学中位置与动量的关系方程。

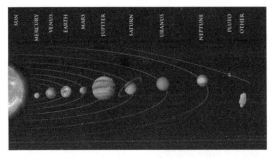

太阳系中的行星

通过数学语言，可以研究太阳系。大自然背后有数学方程，这是 Newton 的伟大发现。

Issac Newton(公元 1642—1726/1727) 在《自然哲学之数学原理》(1687) 中写道："用前两编中数学证明的命题由天文现象推演出使物体倾向于太阳和行星的重力，再运用其他数学命题由这些力推算出行星、彗星、月球和海洋的运动。"[52]

通过数学语言，可以研究银河系。

Issac Newton

银河系　　　　　　　　　　　　早期宇宙

通过数学语言，可以研究约 13 亿年前两个黑洞合并产生的引力波、130 亿年前早期宇宙。光走 130 亿年的距离的数量级达 10^{26} 米。不可思议的是，在如此大的空间中数学语言仍然能做到精确的描述和计算。

物理中量子力学原理告诉人们不可能用日常语言来确切地表达微观世界的规律。要准确地表达微观世界的规律，只能用数学语言。通过数学语言，可以研究原子、电子、夸克 (直径数量级上限为 10^{-18} 米)，等等。同样不可思议的是，在如此小的空间中用数学语言能做到精确的描述和计算，而且只能用数学语言才能做到。

数学语言的巨大力量体现在物理学中。数学语言也可有力地运用到所有自然科学之中。

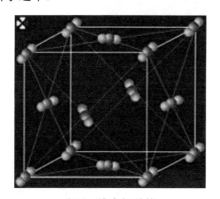
分子三维空间结构

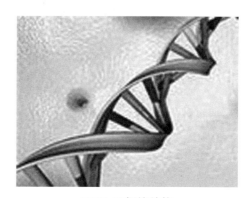
DNA 双螺旋结构

通过数学，可以研究化学中一些问题，例如: 晶体结构 (与 1985 年诺贝尔化学奖的工作有关)、核磁共振的谱学 (与 1991 年诺贝尔化学奖的工作有关)、化学计算 (与 1998 年诺贝尔化学奖的工作有关)、分子三维空间结构。

通过数学，可以研究化学中富勒烯 C_{60} 的独特的几何结构: 60 个顶点，90 个边，32 个面，其中 12 个为正五边形，20 个为正六边形。(C_{60} 的发现获 1996 年诺贝尔化学奖。) 通过数学，可以研究分子三维空间结构手性的拓扑性质。(2001 年诺贝尔化学奖工作与分子手性有关。)

通过数学，可以研究医学和生物学中一些问题，例如：DNA 双螺旋结构的拓扑性质 (DNA 双螺旋结构的发现获 1962 年诺贝尔生理学或医学奖)。

通过数学，可以研究神经元的脉冲传导过程 (与 1963 年诺贝尔生理学或医学奖的工作有关)、视觉系统侧抑制作用 (与 1967 年诺贝尔生理学或医学奖的工作有关)、断层扫描技术 (与 1979 年诺贝尔生理学或医学奖的工作有关)、DNA 链中碱基序列的测定 (与 1980 年诺贝尔化学奖的工作有关)、遗传的统计规律、种群生长模型，等等。

数学在各种工程技术中有广泛的应用。

　　数学可以用于研究信息科学技术中一些问题, 例如: 场效应晶体管的制造工艺与模拟、电路的逻辑设计与物理设计。

　　数学可以用于机器证明、密码学、信息压缩, 等等。

　　数学可以用于研究地球科学、航空、航天等高技术中一些问题, 例如: 石油勘探中卫星图像的分析和处理、气象预报、飞行器设计与数值模拟、卫星控制, 等等。

　　数学语言不仅可以用于自然科学和工程技术, 还可以用于社会科学与人文学科。

　　通过数学, 可以研究经济学中一些问题, 例如: 资源最优配置 (与 1975 年诺贝尔经济学奖的工作有关)、一般经济均衡的存在性 (与 1972 年和 1983 年的诺贝尔经济学奖的工作有关)、期权定价公式 (与 1997 年诺贝尔经济学奖的工作有关)、汇率、物价与利率分析 (与 2003 年诺贝尔经济学奖的工作有关), 等等。

　　通过数学, 可以研究语言学中一些问题, 例如: 自然语言逻辑结构分析、人的语音结构分析, 等等。通过数学, 可以研究艺术中一些问题, 例如: 雕像中各部分比例的和谐、音乐中和声、分形艺术, 等等。

三、　数学语言的第三特征是数学美

　　数学美到底是什么? 这要从多个美学观点来体会。

　　毕达哥拉斯认为美表现于对称与和谐。数学美表现于形的对称、数的和谐、逻辑的自洽。例如: 圆、$(3,4,5)$、$e^{i\pi} + 1 = 0$、Euclid 几何公理体系的逻辑自洽, 等等。

　　苏格拉底认为美与善是一致的。数学美与数学的广泛应用是一致的。例如: Newton-Leibniz 公式、Fourier 级数、中国古代《九章算术》中的线性方程组的消元算法、厄米矩阵的对角化、群的概念、拓扑空间的概念, 等等。

　　黑格尔认为美是理念的感性显现。数学美是自洽逻辑体系的数形显现。例如: 欧氏几何的逻辑体系、复数的逻辑体系、四元数的逻辑体系, 等等。

　　马克思认为美是人的本质力量的对象化。数学美是人的本质力量的精确符号化。例如: 古代数学中的 Euclid 几何公设、中国汉代《九章算术》中的解线性方程组的消元法、Archimedes 的球体积公式; 近代数学中的 Newton-Leibniz 公式、Euler 发现二次互反律、Gauss 曲率内蕴性; 现代数学中的 Galois 群、Riemann 曲率、Poincaré 同调群、陈省身示性类、Bott 周期律、Atiyah-Singer 指标定理、Milnor 怪球、Deligne 对 Weil 猜想的证明, 等等。这些数学成就都是人类的本质力量在那个时代的代表, 它们已经转化成精确符号了。这些"精确符号"将被人类一代接着一代传承下去, 获得了"永恒"。这就是"数学特有的永恒美"。

菲尔兹奖的奖章

数学菲尔兹奖的奖章上用拉丁文刻着 Archimedes 的一句话, 其理念是: 超越自我, 把握世界。

数学语言的第一特征表现数学语言的"真"; 第二特征表现数学语言的"善"; 第三特征表现数学语言的"美"。数学语言实质是人类在实践和发展中追求"永恒真善美"的精神产物。

第二节   形、数、逻辑、自然理性

数学语言是数学思维的表达。数学中至少有四种基本思维方式: 形、数、逻辑、自然理性。它们的统一对数学的发展是至关重要的。

(一) 形的思维方式。形的思维语言是: 点、直线、平面、圆、球面、多面体、空间、平行、相交、距离、垂直、洞, 等等。

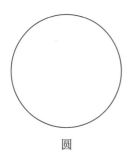

圆

球面

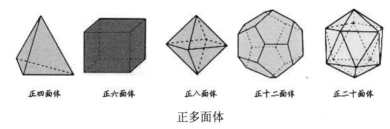

正四面体　　正六面体　　正八面体　　正十二面体　　正二十面体

正多面体

　　(二) 数的思维方式。数的思维语言是：自然数、整数、有理数、实数、复数、四元数、未知元、矩阵、集合、映射、加、减、乘、除、运算法则、开方、多项式，等等。

　　(三) 逻辑的思维方式。逻辑思维语言是：公设、公理、推理法则、定义、命题、证明、定理、充分条件、必要条件、逻辑体系，等等。

　　(四) 自然理性的思维方式：它的思维语言是对应成物理中术语：变量对应运动、导数对应速度、二阶导数对应加速度、积分对应功，等等。

　　数学中四种基本思维方式中任何两个的统一都推动了数学在深度和广度上的飞跃。在古代希腊数学中，"形"与"逻辑"是统一的。这是古代希腊数学不同于其他古代文明中数学的关键所在。

　　Newton 在《自然哲学之数学原理》中实现了"数学"与"自然理性"的统一。因此近代欧洲数学在深度和广度上大大超过了古希腊数学。

　　但是，直到 19 世纪之前，无理数概念一直没有严格的逻辑定义。这在数学史上造成了两次数学危机：古希腊数学中关于无理数存在性的争论；近代欧洲数学中关于"无穷小"存在性的争论。在 19 世纪下半叶，多个数学家从有理数出发建立了实数理论。Hilbert 在 1899 年用公理化的方法直接构造了"实数公理体系"，实现了"数"与"逻辑"的直接统一。在现代数学中，"形""数""逻辑""自然理性"全都是统一的，因此现代数学在深度和广度上大大超过了近代欧洲数学。

　　"空间思维"是最基础的。康德在《未来形而上学导论》中写道："空间和时间就是这样的直观，纯粹数学把它们作为其既无可置疑地、同时也必然地产生的一切知识和判断的基础。"[①] 因此，在数学教学中，尤其在幼儿园与小学教学中，要高度重视最基础的空间思维能力与形的思维能力的培养。空间思维能力比记忆能力和计算能力更具有人文意义：现在计算机在记忆能力和计算能力方面都超过了人类，但人在空间思维能力方面有很大的优势。人的空间思维能力与人的想象力、创造力是密切相关的。

---

① 参见 [26] 第 284 页。

第二章 Euclid 公设

在大约公元前 300 年左右，Euclid 写的《几何原本》建立了历史上第一个数学演绎证明体系。"证明"的思想是数学从经验阶段发展到理性阶段的关键一步。一般认为，第一个提出"证明"的思想是古希腊的 Thales (约公元前 624—前 546)。

Aristotle (公元前 384—前 322) 认识到，逻辑证明必须从一些"不被证明的"最基本命题和一些"不被定义的"最基本对象开始。一个演绎体系中不被证明的最基本命题叫"公设"或"公理"。Euclid 发现有五个几何命题可以作为最基本命题：从它们出发，按 Aristotle 的古典逻辑规则，就可以演绎地逻辑推出几百个几何命题。他把这五个最基本的几何命题作为他的几何的五个公设。

Euclid 写的《几何原本》原作已经失传。现在的各种版本是根据后人的修订本综合整理和翻译出来的。本书主要参考的是 *The Thirteen Books of Euclid's Elements*[19]，后面我们把这本书简称为 Heath 本。

第一节 Euclid 第一公设

首先我们来看 Euclid 第一公设。

Euclid 第一公设　任意给定两个不同点，可作唯一一条以此两点为端点的直线段。

Euclid 第一公设在 Heath 本中英文翻译是：

"To draw a straight line from any point to any point."[19]

Euclid 第一公设原文中没有明确写出来"唯一"二字，但《几何原本》第 1 卷命题 4 的证明中实际上用到了。①

Euclid 在《几何原本》中的"straight line"实际上是指"直线段"。《几何原本》的定义部分的第 3 条明说了"The extremities of a line are points"(线的端是点)。②

什么是"straight line"(直线段)？什么是"point"(点)？Euclid 在《几何原本》中的定义部分是这样描述的：

---

① 参见 [19] 第 195 页最后一段中有关"unique"一段文字。

② 参见 [19] 第 195 页最后一段中有关"segments"一段文字。

"A line is breadthless length"(线是无宽度的长)。

"A straight line is a line which lies evenly with points on itself"(直线是与其上的点相平齐的线)。

"A point is that which has no part"(点是无部分的)。

但是，这些定义中用到的词 "evenly"(平齐)、"no part"(无部分) 在《几何原本》中并没有定义。

实际上，最基本的几何对象 "straight line"(直线段) 和 "point"(点) 在《几何原本》中没有唯一的定义。[①]

从演绎逻辑上看，Aristotle 已经认识到：数学演绎体系中最基本对象是不可定义的，否则它就不是最基本的。因此，在 Hilbert 写的《几何基础》中，对 "点" "直线段" 等最基本对象，以及 "位于上面" 等最基本关系不定义。演绎逻辑真正需要的是最基本对象和最基本关系的最基本性质。Hilbert 把这些最基本性质用几组公理来表述出来，这样就构造了一个公理体系。[②]

既然最基本的几何对象直线段和点在《几何原本》中没有唯一的定义，那么在不同的具体模型中给出直线段和点的不同定义，就有可能得到不同的，但自身内部是逻辑自洽的、新的几何。下面介绍几种简单的几何模型:

一、　球面模型 S^2

作为集合，

$$S^2 = \{(x,y,z)|x^2+y^2+z^2=r^2, x,y,z \text{都是实数}\}$$

其中 r 是任意给定的正常数。

球面模型 S^2 内的点定义为球面内的点。它不包括球面外的任何点。球面模型 S^2 内的直线段定义为球面内的、有两个不同端点的大圆弧段，即球面与过原点的平面的相交圆中，有两个不同端点的圆弧段。

球面内的一点到它的对径点，有无穷多个大圆弧段 (球面内的直线段)，不是唯一的；球面内的一点到它的一个非对径点，有两个大圆弧段 (球面内的直线段)，也不是唯一的。因此球面模型 S^2 的内在几何不满足 Euclid 第一公设。

球面模型 S^2 内的两点 $P = (a,b,c)$ 和 $Q = (x,y,z)$ 之间的球面距离定义为所有从 P 到 Q 的、在球面内部的、大圆弧段中最小的弧长。写成表达式，就是

$$d_S(P,Q) = \text{rarccos}\left(\frac{ax+by+cz}{r^2}\right)$$

其中 arccos 取值在 $[0,\pi]$ 之中。

---

① 参见 [19] 第 168 页中有关 cannot be explained 一段文字。
② 参见 [31] 第 4 册第 81—83 页，以及 [19] 第 157 页中有关 Modern views 一段文字。

关键是：在考虑从 P 到 Q 的道路时，不考虑在三维欧氏空间中从 P 到 Q 的通常直线段，因为通常直线段的内部不在球面中。

这种"只看球面内部的点，不看球面外部的点"的思维方式，使得数学家摆脱了欧氏空间的观念对思维的束缚，获得了数学思维的自由。我们把这种"只看空间内部的点，不看空间外部的点"的思维方式叫作**内在空间思维方式**。在后面的章节中会讲到。

内在空间思维方式的深刻性，在 Riemann 在世的时代，并不为大多数数学家们所体会。一直到 Einstein 创立了广义相对论之后，它才被人们所认识：我们所体验到的真实空间和时间就是一个四维的内在空间。它有内在弯曲，并且这种内在弯曲可以从时空的内在距离来计算出。不需要把真实的空间和时间放进一个不真实的五维或五维以上的欧氏空间中去看它的弯曲。虽然在数学理论中可以这么做 (根据 Nash 嵌入定理)，但那个五维或五维以上的欧氏空间不是真正的物理存在，仅仅是一个数学存在。在这里数学存在与物理存在的区别是实质性的：数学存在指的是逻辑自洽的公理体系，但物理存在必须有实验可测到的物理效应。

二、 二维射影空间模型 RP^2

RP^2 的"点"定义为球面 S^2 内的"2 个相互对径点"组成的集合。RP^2 内的"1 个点"定义为由"2 个元素"组成的集合

$$[x,y,z] = \{(x,y,z),(-x,-y,-z)\}$$

RP^2 内的"1 个点"不再是通常的三维空间中的 1 个点，

$$RP^2 = \{[x,y,z] | x^2 + y^2 + z^2 = r^2, x,y,z \text{是实数}\}$$

RP^2 内的"直线段"定义为它的子集

$$\{[x,y,z] | (x,y,z) \in \text{球面 } S^2 \text{ 内的弧长严格小于 } \pi r \text{ 的大圆弧段}\}$$

以 RP^2 内的两点 $[r,0,0], [0,r,0]$ 为端点的，RP^2 内的直线段有两条：

$$\{[x,y,z] | (x,y,z) \in \text{球面 } S^2 \text{ 内从 } (r,0,0) \text{ 到 } (0,r,0) \text{ 的长度等于 } \frac{1}{2}\pi r$$
$$\text{的那个大圆弧段}\}$$

$$\{[x,y,z] | (x,y,z) \in \text{球面 } S^2 \text{内从 } (r,0,0) \text{ 到 } (0,-r,0) \text{ 的长度等于 } \frac{1}{2}\pi r$$
$$\text{的那个大圆弧段}\}$$

因此，二维射影空间模型 RP^2 的内在几何不满足 Euclid 第一公设。RP^2 内的两点 $P=[a,b,c]$ 和 $Q=[x,y,z]$ 之间的**射影空间距离**定义为

$$d_{\mathrm{RP}}(P,Q) = r\min\left\{\arccos\frac{ax+by+cz}{r^2}, \pi - \arccos\frac{ax+by+cz}{r^2}\right\}$$

它取值在 $\left[0,\dfrac{\pi r}{2}\right]$ 之中。这里 arccos 取值在 $[0,\pi]$ 之中。

三、　双曲几何的射影圆盘模型 HP (projective disk model of hyperbolic geometry)

作为集合，HP 等于单位开圆盘，即

$$\mathrm{HP} = \{z\,||z|<1, z\text{是复数}\}$$

它不包括单位开圆盘之外的任何点。

HP 内的点定义为模长小于 1 的复数。HP 内的直线段定义为单位开圆盘内的"通常直线段"。[①]

但是，不采用通常的欧氏平面几何中的距离定义。HP 内的不同点 z 和 w 之间的**双曲射影距离**定义为

$$d_{\mathrm{HP}}(z,w) = \frac{1}{2}\left|\ln\frac{|z-b||w-p|}{|z-p||w-b|}\right|$$

其中 b 与 p 是过 z 和 w 的通常直线与单位圆周的两个交点。[②]

双曲几何的射影圆盘模型 HP 的内在几何满足 Euclid 第一公设。

当 z 趋向单位圆周时，或 w 趋向单位圆周时，z 与 w 的双曲射影距离趋向正无穷大。

具体计算 b 和 p 的公式如下：

$$b = \frac{\mathrm{i}\mathrm{Im}(z\overline{w}) + \sqrt{|w-z|^2 - (\mathrm{Im}(z\overline{w}))^2}}{\overline{w}-\overline{z}}$$

$$p = \frac{\mathrm{i}\mathrm{Im}(z\overline{w}) - \sqrt{|w-z|^2 - (\mathrm{Im}(z\overline{w}))^2}}{\overline{w}-\overline{z}}$$

任意给定两个不同的复数 u 和 v，直线段 $[u.v]$ 定义为复平面中的子集

$$[u,v] = \{tu+(1-t)v \mid t\text{是实数}, 0\leqslant t\leqslant 1\}$$

---

① 参见 [63] 第 261 页。
② 参见 [42] 第 247 页。

开直线段 $(u.v)$ 定义为复半面中的子集

$$(u,v) = \{tu + (1-t)v \mid t是实数,\ 0 < t < 1\}$$

任意取定单位圆周上的两个不同点 b 和 p，开直线段 (b,p) 在 HP 的内在几何中的"双曲射影长度"是无限的。这不同于通常的直观：开直线段 (b,p) 在通常的欧氏平面几何中的"欧氏长度"是有限的。

四、 双曲几何的共形圆盘模型 HC (conformal disk model of hyperbolic geometry)

作为集合，HC 也等于单位开圆盘，即

$$HC = \{z \mid |z| < 1, z是复数\}$$

它不包括单位开圆盘之外的任何点。

HC 内的点定义为模长小于 1 的复数。HC 内的"直线段"有两种：(1) 单位开圆盘内部的开直径中的一段；(2) 单位开圆盘内部的，与单位圆周相垂直的圆弧中的一段。

双曲几何的共形圆盘模型 HC 的内在几何满足 Euclid 第一公设。

HC 内的两点 z 和 w 之间的"双曲共形距离"定义为

$$d_{HC}(z,w) = \ln \frac{|1 - \bar{z}w| + |w - z|}{|1 - \bar{z}w| - |w - z|}$$

注　当 $|z| < 1$ 和 $|w| < 1$ 时，$(1 - |z|^2)(1 - |w|^2) > 0$ 推出 $|1 - \bar{z}w| > |w - z|$。

当 z 趋向单位圆周时，或 w 趋向单位圆周时，z 与 w 的双曲共形距离趋向正无穷大。

在 HC 的内在几何中，过中心的开直径的双曲共形长度是无限的。这不同于通常的直观：单位圆的直径在通常的欧氏平面几何中的欧氏长度是有限的。

在 HC 的内在几何中，与单位圆周相垂直的圆弧，在去掉两端点后，其双曲共形长度也是无限的。这也不同于通常的直观：它在通常的欧氏平面几何中的欧氏长度是有限的。

五、 双曲几何的上半平面模型 HU (upper half plane model of hyperbolic geometry)

作为集合，HU 等于开上半平面，即

$$HU = \{z \mid \mathrm{Im}\, z > 0, z是复数\}$$

它不包括开上半平面之外的任何点。

HU 内的点定义为虚部大于 0 的复数。HU 内的直线段有两种: (1) 开上半平面内部的, 与 x 轴相垂直的半直线中的一段; (2) 开上半平面内部的, 与 x 轴相垂直的圆弧中的一段。

双曲几何的上半平面模型 HU 的内在几何满足 Euclid 第一公设。

HU 内的两点 z 和 w 之间的"双曲上半平面距离"定义为

$$d_{\text{HU}}(z, w) = \ln \frac{|w - \bar{z}| + |w - z|}{|w - \bar{z}| - |w - z|}$$

注 当 $\text{Im} z > 0$ 和 $\text{Im} w > 0$ 时, 由 $\text{Im} z \text{Im} w > 0$ 推出 $|w - \bar{z}| > |w - z|$。

当 z 趋向 x 轴时, 或 w 趋向 x 轴时, z 与 w 的"双曲上半平面距离"趋向正无穷大。

在 HU 的内在几何中, 开直线段 $(x, x + yi)$ 的"双曲上半平面长度"是无限的, 这里 x 是实数, y 是正实数。这不同于通常的直观: 它在通常的欧氏平面几何中的"欧氏长度"是有限的。

在 HU 的内在几何中, 与 x 轴相垂直的圆弧, 在去掉两端点后, 其"双曲上半平面长度"也是无限的。这也不同于通常的直观: 它在通常的欧氏平面几何中的"欧氏长度"是有限的。

六、 不完备双曲几何的伪球面模型 $S_{伪}^2$

Newton 在 1676 年定义了曳物线 (tractrix), 其几何定义是: 在它上面的任意给定的一点 z 处做出切线, 此切线与 x 轴的交点记为 $j(z)$, 要求从切点 z 到交点 $j(z)$ 的欧氏距离是正常数 r, 即 $|z - j(z)| = r$。

把曳物线绕 x 轴一周得到的旋转曲面叫作**伪球面**(pseudosphere), 记为 $S_{伪}^2$。

伪球面内的直线段定义为在伪球面内部的、所有连接两点的曲线段中、欧氏长度最短的那个曲线段。

伪球面模型的内在几何满足 Euclid 第一公设。

伪球面内的两点的**伪球面距离**定义为在伪球面内部的、所有连接两点的曲线段的欧氏长度的最小值。

在伪球面模型中, 有的直线段的某一端在伪球面内部的延长线的长度有上界, 不可以任意大, 因此伪球面模型的内在几何不满足下面要讨论的 Euclid 第二公设。通常这样的内在几何叫作**不完备的**。

七、 不完备欧氏开圆盘模型 ED

作为集合, ED 等于单位开圆盘, 即

$$\text{ED} = \{z \,|\, |z| < 1, z \text{是复数}\}$$

它不包括单位开圆盘之外的任何点。

ED 内的"点"定义为模长小于 1 的复数；ED 内的"直线段"定义为单位开圆盘内部的通常直线段。它不能含有单位开圆盘之外的点。

ED 的内在几何满足 Euclid 第一公设。

ED 内的两点 z, w 之间的"欧氏距离"定义为

$$d_E(z, w) = |w - z|$$

ED 与通常的"整个欧氏平面"的区别在于：在 ED 中，每个直线段的任何一端在 ED 内部的延长线的长度有上界，不可以任意大，因此 ED 的内在几何不满足下面要讨论的 Euclid 第二公设。ED 的内在几何是"不完备的"。

八、 不完备去点平面模型 EO

作为集合，EO 等于复平面去掉 0 点, 即

$$EO = \{z | z \neq 0, z\text{是复数}\}$$

它不包括 0 点。

EO 内的"点"定义为不等于 0 的复数；EO 内的直线段定义为复平面中"不过 0 点"的通常直线段。

EO 内的点 -1 到点 1 没有任何一个全在 EO 内的直线段以此两点为端点，因此 EO 的内在几何不满足 Euclid 第一公设。

EO 内的两点 z, w 之间的欧氏距离定义为

$$d_E(z, w) = |w - z|$$

EO 与通常的"整个欧氏平面"的区别在于：在 EO 中，存在直线段，它的某一端在 EO 内部的延长线的长度有上界，不可以任意大，因此 EO 的内在几何不满足下面要讨论的 Euclid 第二公设。EO 的内在几何是不完备的。

上面介绍的几个模型中的"直线段"的含义是在数学中定义的。那么，在环绕我们周围的现实空间中，如何定义"现实直线段"呢? 现实直线段的定义，首先，不能依赖于主观参照系，其次，要用长距离物理相互作用来定义。目前知道的长距离物理相互作用只有电磁作用和引力作用。电磁作用的传播子是光子，因此，现实直线段的自然定义可以是：

现实直线段＝光线段

对于这个自然定义，需要指出的是：(1) 在微观世界的量子力学理论中，光子没有确定的运动路径，因此在微观世界里，"光线段"是一个不确定的概念。在微观

世界的量子力学基本理论中，要用无穷维空间几何学，即 Hilbert 空间几何学的数学语言。(2) 引力波已经被物理实验所检测到。那么，在宏观上，引力作用传播路线与电磁作用传播路线是否在几何上完全相同，就成为物理统一场论中一个基本几何问题了。

　　天文测量表明太阳附近的三条光线所构成的三角形的三个内角和不是 180 度。因此，此时此地我们眼前的现实空间的现实几何就是一种非欧几何。

"非欧"几何才是"现实"几何

这是人类对现实空间认识的一场革命。

　　在数学中，拓扑 (topology) 的原义是"位置分析" (analysis situs) 。当一系列的文字被安排在特定的"位置"上使得整个书写形式显现出一种"形状美"时，我们称它为**拓扑诗**。

非欧几何

一点不玄　　　　　现实直线

就是光线　　　　　　三条光线

内角之和　　　　　　不是 180 度

非欧几何　　此时此地

就在眼前!

上面就是一首拓扑诗。中国北宋时期的杰出数学家贾宪发现的"贾宪三角" (即二项式 $(a+b)^n$ 展开系数表)，就可以看成一首拓扑诗。这里，字的位置含义是：不是"一"的每个数字是它肩上左右两个数字之和：

一
一　一
一　二　一
一　三　三　一
一　四　六　四　一
一　五　十　十　五　一

　　在欧氏几何中，球的表面积公式是

$$S = 4\pi r^2$$

其中 S 代表球的表面积，r 代表球的半径。但在非欧几何中，这个公式是需要修正的。由于现实空间的现实几何是一种非欧几何，因此对于"有质量 M 的现实球"的表面积公式，严格地说，要用下面的公式

$$S_{有质量} = 4\pi \left(r_{有质量} - \frac{G}{3c^2} M \right)^2$$

其中 c 是真空中光速, G 是万有引力常数。[①]这是 Einstein 广义相对论方程的推论。对于在地球上有质量 M 的现实球, 因为相对于 M 来说, c 很大, G 很小, 因此修正项 $\dfrac{G}{3c^2}M$ 很小。但在天文计算中, 当 M 很大时, 就需要考虑修正项 $\dfrac{G}{3c^2}M$.

在本科高等数学课中, 表示函数 $y = f(x_1, \cdots, x_n)$ 所用的坐标系 $(x_1, \cdots, x_n, y)$ 一般采用的是**欧氏距离**, 即

$$d_E((x_1, \cdots x_n, y), (t_1, \cdots t_n, z)) = \sqrt{(x_1 - t_1)^2 + \cdots + (x_n - t_n)^2 + (y - z)^2}$$

在这个欧氏距离前提下证明的几何公式, 只能保证对 "理想的没有质量的几何体" 才对。对于 "现实的有大的质量的几何体", 这些欧氏几何公式可能不再严格成立, 可能需要修正。

第二节　Euclid 第二公设

下面我们来讨论 Euclid 第二公设。

Euclid 第二公设　任意给定一条直线段, 可以从此直线段的任意一端唯一地延长为一个直线段其长度可以任意大。

Euclid 第二公设在 Heath 本中英文翻译是:

"To produce a finite straight line continuously in a straight line." [19]

为了准确地理解, 要注意: "延长为一个直线段其长度可以任意大" 在逻辑上要强于 "可延长为一个更长的直线段"。《几何原本》第 1 卷命题 16 的证明中实际上用了 "延长为一个直线段其长度可以任意大"。[②]

例如, 在不完备欧氏开圆盘模型 ED 内, 任意给定一条 (闭的) 直线段, 可以从它的任意一端唯一地延长为一个更长的直线段, 但其欧氏长度不会超过此开圆盘直径的欧氏长度, 不是任意大。因此, ED 的内在几何不满足 Euclid 第二公设。

Euclid 第二公设的原文没有明确写出 "唯一" 二字, 但《几何原本》第 1 卷命题 1 的证明中实际上用到了。[③]

双曲射影模型 HP、双曲共形模型 HC、双曲上半平面模型 HU 的内在几何都满足 Euclid 第二公设。

---

① 参见 [20] 第 42—6 页。
② 参见 [19] 第 280 页中有关 infinite in size 一段文字。
③ 参见 [19] 第 196 页最后一段中有关 unique 一段文字。

不完备双曲伪球面模型 $S^2_{伪}$、不完备欧氏开圆盘模型 ED、不完备欧氏去点平面模型 EO 的内在几何都不满足 Euclid 第二公设。

第三节　Euclid 第三公设

下面我们来讨论 Euclid 第三公设。

Euclid 第三公设　以任意给定的点为中心和任意大小的距离为半径可作唯一一个圆。

Euclid 第三公设在 Heath 本中英文翻译是:

"To describe a circle with any centre and distance." [19]

为了准确地理解, 要注意 Euclid 第三公设中的词 "any" 的含义是 "任意给定" 的点为中心和 "任意大小" 的距离为半径。Euclid 几何中所能做出的圆的半径可以任意地小, 也可以任意地大。①

双曲射影模型 HP、双曲共形模型 HC、双曲上半平面模型 HU 的内在几何都满足 Euclid 第三公设。

球面模型 S^2、二维射影空间模型 RP^2、不完备双曲伪球面模型 $S^2_{伪}$、不完备欧氏开圆盘模型 ED、不完备欧氏去点平面模型 EO 的内在几何都不满足 Euclid 第三公设。

Euclid 第一、二、三公设的精神实质是: 只有用直尺和圆规在有限步内做出的图形才是 "可构造的", 不能用直尺和圆规在有限步内做出的图形在 Euclid 几何公理体系中是 "不可构造的"。这就导致了 "一个图形能否用直尺和圆规在有限步内做出" 的问题成为古希腊 Euclid 几何学中的重要问题。

在古希腊 Euclid 几何中, 有三个著名的作图问题: 化圆为方, 倍立方体, 三等分任意角。

在 1837 年, Pierre Laurent Wantzel (公元 1814—1848) 证明了倍立方体问题和三等分任意角问题在 Euclid 几何中都不是可解的, 即在 Euclid 几何中, 不存在一个只用直尺和圆规的有限程序做出一个线段使得它的欧氏长度是 $\sqrt[3]{2}$。

在 Euclid 几何中, 不存在一个只用直尺和圆规的有限程序做出一个角使得它的欧氏角度数是一个任意给定的一般角的欧氏角度数的三分之一。注意这里要求的是任意给定的一般角, 不是特殊角。有的特殊角的三分之一是可以用直尺和圆规

---

① 参见 [19] 第 200 页第一段中有关 indefinitely large 一段文字。

在有限步内做出的。例如：90° 角的三分之一 30° 角显然是可以用直尺和圆规在有限步内做出的。

在 1882 年，Louis Ferdinand von Lindermann (公元 1852—1939) 证明了 π 是超越数，即 π 不满足任何有理系数多项式方程。由此推出化圆为方问题在 Euclid 几何中不是可解的，即在 Euclid 几何中，不存在一个只用直尺和圆规的有限程序做出一个线段使得它的欧氏长度是 $\sqrt{\pi}$。

奇妙的是，对几何作图的深入研究，需要从"几何"思维方式转变到"代数"思维方式。倍立方体问题、三等分任意角问题可以转变为代数中求三次方程的根的问题。

在欧氏平面的直角坐标系中，直尺做出的直线可以表示为一次方程，圆规做出的圆可以表示为二次方程。因此它们的交点坐标只能是一次或二次方程的根。

倍立方体问题和三等分任意角问题的"代数"实质是：一元三次方程的根是否可以由它的系数与有理数、经过有限次四则运算和平方根式运算而得到呢？

由此引出一个更加普遍的基本代数问题：一元 n 次方程的根是否可以由它的系数与有理数、经过有限次四则运算和根式运算而得到呢？在数学史上，许多杰出数学家对这个问题进行了深入的研究。关键思路是找出一元 n 次方程的根之间"隐秘的对称性"。我们在第八章中会讲到。

第四节　Euclid 第四公设

下面我们来讨论 Euclid 第四公设。

Euclid 第四公设　所有点处的所有直角都彼此相等。

Euclid 第四公设在 Heath 本中英文翻译是：

"That all right angles are equal to one another." [19]

(一) 为了准确地理解，要注意 Euclid 第四公设中的词"all"的含义包括了"所有点处"。那么，如何判定在不同点处的夹角彼此相等呢？这就需要把在一点处的夹角的边"平行移动"到另一点处。这个"平行移动"的概念 Euclid 没有明确地说出来，但是在《几何原本》第 1 卷命题 4 的证明中实际上用到了这个概念。①

关键是：把一点处的夹角的边平行移动到另一点处的"方式"可以"不唯一"，但在逻辑上都是自洽的。因此，不同的平行移动方式就可以产生不同的几何学，都

---

① 参见 [19] 第 225 页第 5 段中的有关"actually moved"一段文字。

是内在逻辑自洽的, 都是数学存在。在现代数学中, 把一点处的向量平行移动到一点处的方式已被公理化为"联络" (connection) 的概念。

"联络几何学"是深刻的几何学。它是 Yang-Mills 规范场论的基本几何结构。它是电磁作用、弱作用、强作用的基本几何结构。Einstein 广义相对论所用的 Riemann 几何实际上也是一种特殊的联络几何。联络几何比 Riemann 几何更加广泛。事实上:

<blockquote>大自然中现在已经发现的四个最基本相互作用的几何都是联络几何</blockquote>

这表明了 Euclid 第四公设所隐含的平行移动概念是非常深刻的。

(二) 同一个夹角在不同几何中可以有不同数值。同一个夹角在一种几何中可能是直角, 在另一种几何中可能不是直角。下面用例子来说明此类现象。

单位开圆盘

$$\{z \,|\, |z| < 1, z \text{ 是复数}\}$$

内可以有两种几何模型: 双曲射影模型 HP, 不完备欧氏开圆盘模型 ED。HP 与 ED 中的直线段定义相同, 但它们中的直角定义却不相同。下面用具体计算来说明。

从 HP 的双曲射影距离 $d_{\mathrm{HP}}(z, w)$ 的定义可以推出: 任意给定 HP 的点 $z = x + yi$ (x, y 是实数), 任意给定此点处一个无穷小向量 $a + bi$ (a, b 是实无穷小量), 则 z 到 $z + (a + bi)$ 的双曲射影距离的平方, 在去掉二次以上的无穷小后, 是

$$d_{\mathrm{HP}}(z, z + (a + bi))^2 = \frac{1 - y^2}{(1 - |z|^2)^2}a^2 + \frac{2xy}{(1 - |z|^2)^2}ab + \frac{1 - x^2}{(1 - |z|^2)^2}b^2$$

把它简记为 $\| a + bi \|_z^2$.

任意给定 HP 的点 $z = x + yi$ (x, y 是实数), 任意给定此点处两个充分小向量 $a + bi$ 与 $p + qi$ (a, b, p, q 是实无穷小量), 则直线段 $[z, z + (a + bi)]$ 与直线段 $[z, z + (p + qi)]$ 在点 z 处"双曲射影夹角"是

$$\arccos \frac{\langle a + bi, p + qi \rangle_z}{\| a + bi \|_z \| p + qi \|_z}$$

其中 arccos 取值在 $[0, \pi]$ 之中,

$$\begin{aligned}
\langle a + bi, p + qi \rangle_z &\equiv \frac{1}{2}(\| (a + bi) + (p + qi) \|_z^2 - \| a + bi \|_z^2 - \| p + qi \|_z^2) \\
&= \frac{1 - y^2}{(1 - |z|^2)^2}ap + \frac{xy}{(1 - |z|^2)^2}(aq + bp) + \frac{1 - x^2}{(1 - |z|^2)^2}bq
\end{aligned}$$

所以, 直线段 $[z, z + (a + bi)]$ 与直线段 $[z, z + (p + qi)]$ 在点 z 处"双曲射影夹角"是

$$\arccos \frac{(1 - y^2)ap + xy(aq + bp) + (1 - x^2)bq}{\sqrt{(1 - y^2)a^2 + 2xyab + (1 - x^2)b^2}\sqrt{(1 - y^2)p^2 + 2xypq + (1 - x^2)q^2}}$$

特别地，任意取定 $0 < r < 1$，则直线段 $[r, r+(a+bi)]$ 与直线段 $[r, r+(p+qi)]$ 在点 r 处双曲射影夹角是

$$\arccos \frac{ap+(1-r^2)bq}{\sqrt{a^2+(1-r^2)b^2}\sqrt{p^2+(1-r^2)q^2}}$$

任意取定 a 使得 $0 < r < r+a\sqrt{2} < 1$，则直线段 $[r, r+(a+ai)]$ 与直线段 $[r, r+e^{\frac{\pi}{2}i}(a+ai)] = [r, r+(-a+ai)]$ 在点 r 处双曲射影夹角是

$$\arccos\left(\frac{-r^2}{2-r^2}\right) > \frac{\pi}{2}$$

不是双曲射影直角。但是，它们在点 r 处欧氏夹角是 $\frac{\pi}{2}$，是欧氏直角。这就说明了同一个夹角，在一种几何中可能不是直角，在另一种几何中可能是直角。

任意取定 a 使得 $0 < r < r+a < 1, 0 < \theta < \frac{\pi}{2}$，则直线段 $[r, r+a]$ 与直线段 $[r, r+ae^{i\theta}]$ 在点 r 处欧氏夹角是 θ。但是，可以计算出它们在点 r 处的双曲射影夹角是

$$\arctan(\sqrt{1-r^2}\tan\theta) < \theta.$$

这就说明了同一个夹角在不同几何中可以有不同数值。

第五节　Euclid 第五公设

下面我们来讨论 Euclid 第五公设。

Euclid 第五公设　如果一条直线段相交于两条直线段，且交成的两个同侧的内角之和小于两个直角之和，则这两条直线段，如果在该侧一直延长下去，必相交于该侧中的一点。

Euclid 第五公设在 Heath 本中英文翻译是：

"That, if a straight line falling on two straight lines make the interior angles on the same side less than two right angles, the two straight lines, if produced indefinitely, meet on that side on which are the angles less than the two right angles." [19]

（一）Euclid 第五公设中"两个直角之和"只有在假定 Euclid 第四公设"所有点处的所有直角都彼此相等"前提下才有确定值。①

————————
① 参见 [19] 第 201 页最后一段有关 before Post.5 一段文字。

(二) Euclid 第五公设的陈述比 Euclid 第一, 二, 三, 四公设的陈述都要长。Euclid 在《几何原本》第 1 卷第 29 个命题的证明中用到他的第五公设。我们把上面 Euclid 第五公设的"原始"陈述记为 (5A)。

两条不相交的直线 (指两端可无限延长) 叫平行的。用"平行"这个术语, 在"Euclid 第一, 二, 三, 四公设成立"的前提下, Euclid 第五公设 (5A) 有下面的、在现在中学教科书中常用的逻辑等价命题。[①]

(5B) 过直线外一点有唯一一条平行线。详细的表述是: 在整个欧氏平面中, 任意给定一条直线, 任意给定此直线外的一点, 则存在唯一一条过此点的、与此直线平行的直线。

(5C) 如果一条直线相交于两条平行直线之中的一条, 那么它必相交于另一条。

(5D) 如果两条直线都平行于同一条直线, 那么这两条直线也相互平行。

(5E) 每个三角形的三个内角之和等于两个直角之和。

(5F) 存在一个三角形使得它的三个内角之和等于两个直角之和。

(5G) 存在两个相似的但不全等的三角形。

双曲射影模型 HP, 双曲共形模型 HC, 双曲上半平面模型 HU 的内在几何都不满足 (5A)—(5G)。它们都满足 Euclid 第一、二、三、四公设。HP, HC, HU 的内在几何都不是欧氏几何。

因为在球面模型 S^2 的内在几何中, 两条大圆弧段, 它们各自的任何一端一直延长下去, 一定会相交, 所以球面模型 S^2 的内在几何满足 (5A)。但是容易验证: 球面模型 S^2 的内在几何不满足上面的 (5B)、(5E)、(5F)、(5G)。这个现象的发生是因为球面模型 S^2 的内在几何"不满足 Euclid 第一、三公设"。因此, 要注意的是: Euclid 第五公设的原始陈述 (5A) 与现在有些书中的陈述 (5B)—(5G) 的逻辑等价是"有条件的"。

(三) Euclid 第五公设的原始陈述 (5A) 中相交点的存在实际上用到了"连续性"假设。但是 Euclid 在《几何原本》中没有明确地提出它。Hilbert 写的《几何基础》中补加了两条公理: 几何形式的"Archimedes 公理"和"直线完备性公理", 逻辑上保证了"相交点"的存在性。[②]

对于欧氏几何, Archimedes (约公元前 287—前 212) 的工作主要是在几何计算方面。Archimedes 在历史上第一次得到欧氏几何中球体积的正确公式, 并给出了比较严谨的证明。 他还推导出欧氏几何中许多对称性好的几何体的面积公式、体积公式。

Archimedes 用静力学直观知识"推导"出面积、体积公式。如运用"重心"的力学概念。同时运用"累加"和"极限"的方法。(这接近于高等数学中定积分的定

① 参见 [19] 第 220 页。
② 参见 [31] 第 4 册第 83 页。

义方法。)"重心"的方法之所以有效,是因为对于"对称性"好的几何体,重心可以直观地猜出。但这不是严格逻辑证明,因为 (1) 力学概念没有在逻辑上严格的定义,其所依赖的逻辑公理不清楚;(2) 在古希腊数学中,实数还是一个直观的概念,没有关于实数的严格自洽的公理体系。那么"极限存在"是什么意思?"定积分存在"是什么意思?"面积存在"是什么意思?这些在逻辑上就不清楚了。因此,推导出的面积公式、体积公式成立的"前提"和"适应范围"也就不完全清楚了。

Archimedes 用欧氏几何中定理和"Eudoxus 比例方法"来证明他的公式在欧氏几何中是准确的。但 Eudoxus 比例方法也不是关于实数的严格自洽的公理体系。Eudoxus 比例方法没有直接面对"无理数存在""极限存在""面积存在"这些基本论题。

古代希腊数学中留下了几个影响深远的问题:

(1) Euclid 第五公设是否能够由 Euclid 第一、二、三、四公设一起推出?对这个问题近两千年的不断追问导致了 19 世纪中叶的 Riemann 几何的诞生。

(2) 在欧氏几何的作图问题中,倍立方体、三等分任意角是否能够只用直尺与圆规在有限步内做出?这个问题只有在 19 世纪上半叶 Galois 理论中才得到完全充分的理解。

(3) 建立实数的公理体系。对这个问题的不断追问导致了 19 世纪末的 Hilbert 实数公理体系的诞生。

(4) 建立求一般曲线围成的面积、一般曲面围成的体积的一般方法。这个一般方法就是 17 世纪下半叶的 Newton-Leibniz 的微积分方法。

第三章　中国古代数学

第一节　算法的价值观和传统

"方程与算法"是中国古代数学存在的一个悠久的价值观和传统。这反映在中国古代数学发展的一条主线中：公元前 1 世纪《九章算术》中的多元一次方程组的消元算法、一元二次方程的迭代算法、最基本三次方程 $x^3 = A$ 的迭代算法；公元 4 世纪《孙子算经》中"物不知数问题"的一次同余方程组的整数解；公元 5 世纪《张邱建算经》中"百鸡问题"的三元一次方程组的整数解；公元 7 世纪《缉古算经》中一元三次方程的正有理的数值解；公元 11 世纪《黄帝九章算术细草》中高次二项式 $(a+b)^n$ 展开系数的贾宪三角、最基本高次方程 $x^n = A$ 的迭代算法；公元 13 世纪《数术大略》中一般一元高次方程的迭代算法、一般一次同余方程组的中国剩余定理和"局部粘合"算法；公元 14 世纪《四元玉鉴》中四元高次方程组的消元算法。

中国数学的"算法"传统在今天的信息时代以及未来的人工智能时代会发扬光大。

相比较而言，对于方程的研究，欧洲数学中的价值观和传统是更注重解的一般准确的"表达式"以及表达式中的"结构"。这反映在西方数学发展的一条主线中：公元 16 世纪欧洲数学中的一元三次方程与一元四次方程的准确"根式"解；此后欧洲数学十分关心的一元 n 次 $(n \geqslant 5)$ 方程是否有"根式"解的问题。

公元前 1 世纪，西汉年间，《九章算术》已经包含了分数四则运算、约分、通分、最大公约数。

最为突出的是《九章算术》已经有了消元算法来解多元一次方程组（《九章算术》第八章方程第一题）。这早于欧洲 Gauss 消元法大约 1900 多年。解多元一次方程组的消元算法应该叫作"九章算法"。

《九章算术》已经有了"负数"的四则运算。"负数"的运算在欧洲出现得很晚：在 Vieta（公元 1540—1603）数学著作中还回避负数。中国古代数学对"负数"

的运用也远早于公元 7 世纪的印度数学。

《九章算术》已经有了方程 $x^2 = A$ 的迭代算法，叫开方术; 有了方程 $x^3 = A$ 的迭代算法，叫开立方术; 有了方程 $x^2 + bx = c$ 的迭代算法，叫作开带从平方法。中国古代数学的"算法"价值观与从古希腊数学传承下来的"证明"价值观形成了鲜明的对比。对于一元二次方程，阿拉伯的 al-Khwarizmi (约公元 780—850) 关心的是给出它的"准确的""一般的"表达式解，并给出了几何"证明"。

《九章算术》注意到了无理数现象，提出了"若开之不尽者，为不可开，当以面命之"。相比较，古希腊 Pythagoras 学派运用反证法证明了 2 的平方根 $\sqrt{2}$ 不是两个整数的比例。

大约公元 4 世纪，南北朝时期，《孙子算经》中就有"物不知数"问题: 今有物不知其数，三三数之剩二，五五数之剩三，七七数之剩二，问物几何? 用现代数学语言可以表述为: 如果 $x \equiv 2(\mathrm{mod}3)$, $x \equiv 3(\mathrm{mod}5)$, $x \equiv 2(\mathrm{mod}7)$，那么 x 是多少? 答案是 $x \equiv 23(\mathrm{mod}105)$。

具体解法是:

$$2 \times (5 \times 7) \equiv 1(\mathrm{mod}3), \qquad 1 \times (7 \times 3) \equiv 1(\mathrm{mod}5), \qquad 1 \times (3 \times 5) \equiv 1(\mathrm{mod}7)$$

$$x \equiv 2 \times (2 \times (5 \times 7)) + 3 \times (1 \times (7 \times 3)) + 2 \times (1 \times (3 \times 5))(\mathrm{mod}3 \times 5 \times 7)$$
$$\equiv 140 + 63 + 30(\mathrm{mod}105)$$
$$\equiv 233(\mathrm{mod}105)$$
$$\equiv 23(\mathrm{mod}105)$$

所以，x 的最小正数解是 23。

公元 5 世纪，南北朝时期，《张邱建算经》包含了求一次联立方程组的"整数解"的方法。其中有"百鸡问题": 今有鸡翁一，直钱五; 鸡母一，直钱三; 鸡雏三，直钱一。凡百鸡买鸡百只，问鸡翁、母、雏各几何? 用现代数学语言，它可以表述为:

$$x + y + z = 100, \quad 5x + 3y + \frac{1}{3}z = 100, \quad x, y, z \text{ 是正整数}$$

带参数解是 $x = 4a$, $y = 25 - 7a$, $z = 75 + 3a$。因为 x, y, z 是正整数，所以 a 只能取 $1, 2, 3$，得到三组正整数解。

在公元 7 世纪，唐朝时期，王孝通在《缉古算经》中给出多个特殊一元三次方程的正有理"数值"解。同样对于一元三次方程，欧洲数学追求的是一般准确的"表达式"解。S. Ferro 在 1515 年发现了一般的 $x^3 + mx = n$ $(m, n > 0)$ 准确的根式解。N. Fontana 在 1535 年发现了一般的 $x^3 + mx^2 = n$ $(m, n > 0)$ 准确的根式解。欧洲数学的价值观重于"字母表达式"以及"字母表达式的结构"。

从三次方程走向高次方程，首先要确定二项式 $(a + b)^n$ 展开系数。这一步是由北宋时期的贾宪完成的。大约在公元 1050 年，贾宪著的《黄帝九章算术细草》一

书中包含了二项式 $(a+b)^n$ 展开系数表，现在叫"贾宪三角"或"杨辉三角"。

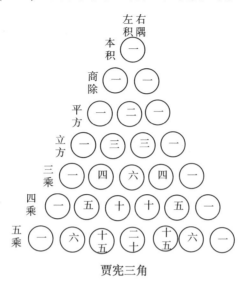

贾宪三角

相比较，"贾宪三角"比欧洲数学中的"Pascal 三角"要早近 600 年。(Blaise Pascal：公元 1623—1662。)

自然地，用"贾宪三角"，就可以得到高次方程 $x^n = A$ 的迭代算法，叫增乘开方法。贾宪的算法比欧洲数学中的类似的"Horner 算法"要早 700 多年。(William George Horner：公元 1786—1837。)

大约在公元 1247 年，南宋时期，秦九韶 (约公元 1202—1261) 在《数书九章》(最初叫《数术大略》) 中，把解特殊 $x^n = A$ 的增乘开方法推广成解一般一元高次方程的迭代算法，叫正负开方术。

秦九韶的《数书九章》中还有另一项重大成就：把《孙子算经》中特殊的 "物不知数"问题的解法推广成一般一次同余方程组的解法，叫大衍总数术。

这个解法的定性推论 (解的存在性和唯一性)，在西方数学中，常被称为"中国剩余定理"(Chinese Reminder Theorem) 或"孙子定理"。用现代数学语言可以表述为：设 $p_1, \cdots, p_k$ 为两两互素的正整数，则任何一次同余方程组

$$x \equiv r_1 (\mathrm{mod} p_1), \quad x \equiv r_2 (\mathrm{mod} p_2), \quad \cdots, \quad x \equiv r_k (\mathrm{mod} p_k)$$

存在唯一的解

$$x \equiv r (\mathrm{mod} p_1 p_2 \cdots p_k), \quad 0 \leqslant r < p_1 p_2 \cdots p_k$$

中国剩余定理的含义是深远的，它蕴含了一个思维方式——把几个"局部"解"粘合"起来。中国剩余定理的适应范围是广泛的：它可以从整数环推广到任何主理想环。(整数环是一个特殊的主理想环。)

秦九韶对一般一元高次方程的研究代表那个时代的人类数学文明的一个高峰。下一步中国数学的走向是从一元走向多元。从一元高次方程走向多元高次方程是一个飞跃。

大约在公元 1303 年，元朝时期，朱世杰 (公元 1249—1314) 的《四元玉鉴》就包含了解四元高次方程组的算法，叫作四元术。四元指的是用"天""地""人""物"来代表四个不同的未知元。《四元玉鉴》中有一个四元二次方程组的求解。用现代数学运算符号、数字符号与等号，它可写为

$$天 - 2地 + 人 = 0$$

$$-天^2 + 2天 - 天 \cdot 地^2 + 天 \cdot 人 + 4地 + 4人 = 0$$

$$天^2 + 地^2 - 人^2 = 0$$

$$2天 + 2地 - 物 = 0$$

《四元玉鉴》中消元法比法国数学家 Étienne Bézout (公元 1730—1783) 类似的消元法要早 400 多年。

朱世杰在《四元玉鉴》中还有另外两项重大成就。《四元玉鉴》中有一些高阶等差级数的求和公式，例如：

$$1 + 2 + 3 + \cdots + n = \frac{n(n+1)}{2}$$

$$1 + 3 + 6 + \cdots + \frac{n(n+1)}{2} = \frac{n(n+1)(n+2)}{3!}$$

$$1 + 4 + 10 + \cdots + \frac{n(n+1)(n+2)}{3!} = \frac{n(n+1)(n+2)(n+3)}{4!}$$

《四元玉鉴》中还利用上面公式推出了一个四次内插公式。这个比 Newton-Gregory 内插公式要早 300 多年。

第二节　几何计算的传统

中国古代数学另一条主线是"几何计算"：大约公元前 11 世纪，周公与商高对话中的"勾广三，股修四，径隅五"；大约公元前 6 世纪，荣方与陈子的对话中的勾股定理的一般陈述；公元前 1 世纪，《九章算术》中的一些面积与体积公式；公元 3 世纪，刘徽处理面积和体积问题的极限方法、分解原理、移动不变原理；公元

5 世纪, 祖冲之的圆周率计算; 公元 5 世纪, 祖冲之和祖暅的球体积公式, 以及用截面积的比较来计算体积的祖氏原理。

如果宋代的数学家们能够重视和发展刘徽在几何计算中用到的"极限"方法, 与"方程"与"级数"相结合, 就有可能在宋代发展出微积分方法, 无穷级数方法。这再一次表明, 在数学中, 不同基本思维方式的统一对数学的飞跃性发展的至关重要性。

据《史记》记载, 大约在公元前 22 世纪末至前 16 世纪初, 夏禹治水时, 有"左规矩, 右准绳"。这说明那时的中国人在实践中已做几何测量了。

在《周髀算经》中有记载, 大约在公元前 11 世纪, 西周时期, 周公与商高有个对话, 对话中有"勾广三, 股修四, 径隅五"。这说明那时的中国人已认识到几何测量出的数据是有内在联系的, 几何是有规律的。

在《周髀算经》中同样有记载, 在大约公元前 7 世纪至公元前 6 世纪, 西周末, 东周始, 荣方与陈子有个对话, 对话中有勾股定理的一般陈述。这说明那时的中国人的几何认识已经开始从感性阶段向理性阶段发展。在时间上, 早于古希腊 Pythagoras 学派提出的 Pythagoras 定理。

《九章算术》中有一些面积、体积公式, 其中圆面积公式是正确的。

公元 3 世纪, 三国时期, 刘徽 (约公元 225—295) 用极限方法处理了面积和体积问题, 提出了"割圆术", 即用内接正多边形逼近圆, 并得到了 π ≈ 3.14。这可以理解为中国古代数学中极限论的萌芽。刘徽还提出了一般的"出入相补原理", 即: (1) 图形的面积 (体积) 是其分解的各个部分的面积 (体积) 之和; (2) 面积和体积在空间刚体运动下是不变的。这和上面的极限方法一起可以理解为中国古代数学中积分学的萌芽。古希腊 Archimedes 也用类似的几何分解和极限方法处理面积和体积问题。

在公元 5 世纪, 南北朝时期, 中国古代数学在几何方面达到一个高峰。首先, 祖冲之 (公元 429—500) 得到了:

$$3.1415926 < 圆周率 < 3.1415927$$

$$圆周率 \approx 22/7 \text{ (约率)}$$

$$圆周率 \approx 355/113 \text{ (密率)}$$

更重要的是祖暅明确地得到了球体积公式:

$$球体积 = \frac{1}{6} \cdot 圆周率 \cdot 直径^3$$

除了运用了刘徽的"出入相补原理"之外, 祖暅还明确提出了并运用了祖氏原理: "幂势既同, 则体积不容异", 即两个等高的立体, 如果在每个等高处的截面积都相等, 则它们的体积相等。

用现代数学的术语，祖氏原理含义是：(1) 体积定义为截面积的定积分；(2) 连续函数的定积分值是良定义的，即是存在唯一的。用公式表示，即

$$体积 A = \int_0^h 截面积\, a(x)\mathrm{d}x$$

$$体积 B = \int_0^h 截面积\, b(x)\mathrm{d}x$$

如果对每个 $x \in [0, h]$ 有 $a(x) = b(x)$，则 $A = B$.

这与欧洲的 Bonaventura Francesco Cavalieri (公元 1598—1647) 的 Cavalieri 原理内容相同。但祖冲之和祖暅比 Cavalieri 早了一千多年。

公元 5 世纪，祖冲之和祖暅的《缀术》代表中国古代几何计算的最高水平。但到了宋代，《缀术》在中国本土失传了，中国古代"几何计算的传统"似乎也就断了。

第三节　几何论证的经验性

在"几何论证"这一条线上，中国古代数学也迈出了显著的步伐。大约公元前 4 世纪，《墨经》中有一些几何概念、逻辑概念、逻辑演绎规则。公元 3 世纪，赵爽对勾股定理给出了一个"经验性的"面积证明。但遗憾的是，他以及后来的古代中国数学家们没有把这个"经验性的"证明放到《墨经》的"逻辑概念与逻辑演绎规则"中去继续追问下去。

如果按《墨经》中"辩"(论证) 的基本规则 (相当于古典形式逻辑的基本法则：同一律、矛盾律、排中律)，对勾股定理的证明中用到的"辞"(判断) 和"故"(前提) 继续分解和追问下去，按古典形式逻辑推理的前后次序来排列，那么就很有可能发现"最前面的故"(最前面的前提)——公设，从而建立"中国几何的自洽的演绎逻辑体系"。

所以，古代中国几何学与古希腊几何学的关键区别是：数学中的两个基本思维方式，"形"的思维方式与"逻辑"的思维方式，在古代中国几何中没有完成统一，而在古希腊几何中完成了统一。这个影响是非常深远的。

大约公元前 4 世纪，战国时期，《墨经》中有一些几何概念：

"端，是无间也"(相当于"点"的概念)；

"直，相参也"(相当于"直线"的概念)；

"同长，以正相尽也"(相当于"长度"的概念)；

"圆，一中同长也"(相当于"圆"的概念)；

"平，同高也"(相当于"平行"的概念)；

"尺"(相当于"线"的概念)；

"区"(相当于"面"的概念)。

墨家还有一些逻辑概念：

"辩"(相当于"论证")；

"名"(相当于"概念")；

"辞"(相当于"判断")；

"说"(相当于"推理")；

"故"(相当于"前提")；

"理"(相当于"法则")；

"类"(相当于"等价")。

墨家还提出一些"辩"(论证) 的基本规则，相当于古典形式逻辑的基本法则：同一律、矛盾律、排中律。墨家提出的一些几何概念大致相当于古希腊 Euclid《几何原本》中定义部分 [19]。《几何原本》中定义部分也是描述性的。

墨家提出的一些逻辑概念也可与 Aristotle 古典形式逻辑相比较。

在公元 3 世纪，三国时期，赵爽用面积的方法给出了勾股定理的一个证明。

这个证明是"经验性的"，还不能代表对勾股定理的"完全的理性"认识，因为，这个证明并没有揭示出勾股定理成立的前提。实际上，这个证明至少需要假定"直角三角形的两个锐角之和等于一个直角"。(否则下面证明示意图中最大的图框就不一定是正方形，因此面积就不一定是 (勾＋股)²。) 而事实上，这个假定在一般的"非欧几何"中是不成立的。

$$(勾 + 股)^2 = 径^2 + 4 \times \frac{1}{2} \times 勾 \times 股$$

$$勾^2 + 2 \times 勾 \times 股 + 股^2 = 径^2 + 2 \times 勾 \times 股$$

$$勾^2 + 股^2 = 径^2$$

相比较而言，Euclid 明确表述了有关"点""直线段""圆"的最基本关系的五大公设。由此出发，按"古典逻辑法则"在《几何原本》第 1 卷命题 47 中严格推出欧氏几何中勾股定理，明确了勾股定理的成立依赖于 Euclid 几何的公设。后来知道了在非欧几何中勾股定理其实并不成立，而且这个不成立背后蕴含了大自然巨大的秘密：质量和能量使得勾股定理不成立。

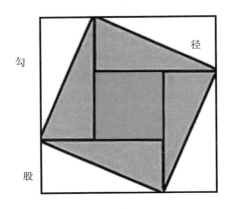

赵爽的证明

如果我们把视野扩大一下, 把中国古代数学也和同时代的其他文明的数学相比较, 则更能体会到中国古代数学的价值观和传统。下面列出它们的显著特点, 就不一一评析了。

古代美索不达米亚数学的显著特点有:

(一) 在数学和天文计算中, 使用六十进制。

(二) 有倒数表、平方表、立方表、平方根表、立方根表。

(三) 知道一元二次方程 $x^2 - bx + 1 = 0$ 的根是

$$\frac{b}{2} + \sqrt{\left(\frac{b}{2}\right)^2 - 1}, \quad \frac{b}{2} - \sqrt{\left(\frac{b}{2}\right)^2 - 1}$$

(四) 使用简单的变量代换把一些特殊方程化为 "标准形", 制定 "标准形" 的数值表, 然后查这个数值表来找到解。(制定和查各种 "数值表" 似乎是古代美索不达米亚数学的一个价值观和思维方式。)

(五) 突出的是: 给出二次不定方程 $x^2 + y^2 = z^2$ 部分整数解的一个列表。但没有用文字或算法表达出来一般解。也许, 古代美索不达米亚人认为 "数值表" 比 "表达式" (欧洲数学的一个传统价值观) 和 "算法" (中国古代数学的一个传统价值观) 更有价值, 更方便。

(六) 计算出几何级数 $1 + 2 + 2^2 + \cdots + 2^9 = 2^{10} - 1$。

(七) 能计算一些简单平面图形的面积, 以及一些简单立体图形的体积。

(八) 知道直角三角形的三边关系, 即勾股定理的内容。

(九) 知道相似三角形的对应边成比例的关系。

古代埃及数学的显著特点有:

(一) 用单位分数来表示所有分数，进行分数运算。单位分数是分子为 1 的分数。

(二) 计算圆面积的公式用的是

$$A = \left(\frac{8D}{9}\right)^2$$

其中 D 代表圆的直径。这个公式相当于圆周率取近似值 3.160494。

(三) 突出的是：计算截棱锥体的体积，且已有了准确公式

$$V = \frac{h}{3}(x^2 + xy + y^2)$$

其中 h 代表高，x 代表顶正方形的边长，y 代表底正方形的边长。

古代印度数学的显著特点有：

(一) 有了 0 的加法运算规则 (任何数加 0 为自身)，以及乘法运算规则 (任何数乘 0 为 0)。

(二) 能操作式地运用负数，但没有给出负数的公理体系。

(三) 能操作式地运用根式无理数。所用的根式无理数的加法规则相当于恒等式

$$\sqrt{x} + \sqrt{y} = \sqrt{(x + y) + 2\sqrt{xy}}$$

$$\sqrt{x} + \sqrt{y} = \sqrt{x\left(\sqrt{\frac{y}{x}} + 1\right)^2}$$

但没有给出无理数的公理体系。因此，在古代印度数学中，如同古代希腊数学和古代中国数学一样，“数”的思维方式与“逻辑”的思维方式还没有完成统一。

(四) 有了求出一次不定方程 $ax + by = c$ 的整数解的一般解法。

(五) 突出的是：有了求出二次不定方程 $y^2 = ax^2 + 1$ 的整数解的一般解法，其中 a 不是某个整数的平方。

(六) 在三角计算中有了正弦函数数值表。

中世纪阿拉伯数学主要指从大约公元 600 年到公元 1492 年用阿拉伯文字和波斯文字写下的数学。它吸收了古希腊数学和古代印度数学，其显著特点有：

(一) 突出的是：提出并运用“移项”和“合并同类项”的代数方法，推动了代数学的发展。

(二) 有了一般的一元二次方程的准确的“根式解”和“几何证明”。

(三) 有了系统性地运用“二次曲线的交点”来解一元三次方程的方法。

(四) 有了球面上直角三角形的角与边长的关系公式。

(五) 试图证明 Euclid 第五公设。实际上得到的是等价公设。但对后来的“Euclid 第五公设不可能由 Euclid 第一、二、三、四公设推出”的认识有历史促进意义。

第四章　奇妙的虚数

第一节　虚数的存在

　　方程的求解是数学发展的一个永恒动力。但对于什么是"解"，不同文明中的数学有不同的理解和价值观。古代美索不达米亚数学的价值观是"数值表"（一查即知）。古代中国数学的价值观是"算法"（"时间"思维，像音乐，每次听到一个音符）。中世纪阿拉伯数学的价值观是"表达式"（"空间"思维，像画，一次看全）。

　　近代意大利 Leonardo（又名 Fibonacci）在 1202 年写成 *Liber Abaci*（《算经》），汇总的是阿拉伯文和希腊文中的数学（其中包含了古代印度数学），对后来的欧洲数学的思维方式有很大的影响。对于一元三次方程的求解，近代意大利人继承了中世纪阿拉伯人对于一元二次方程的解的"一般性""准确性""代数表达式"和"证明"的价值观。

　　Scipione del Ferro（公元 1465—1526）发现了 $x^3 + px = q\,(p > 0, q > 0)$ 的一般的、准确的根式解。Niccolò Fontana（昵称 Tartaglia）（公元 1499/1500—1557）发现了 $x^3 + mx^2 = n\,(m > 0, n > 0)$ 的一般的、准确的根式解。分别处理是因为在那时欧洲数学中方程的系数只能为正数。在现在数学中可以自由地使用负数，这样一般的一元三次方程就可以化为 $x^3 + bx + c = 0$。它有一个解

$$x = \sqrt[3]{-\frac{c}{2} + \sqrt{\left(\frac{c}{2}\right)^2 + \left(\frac{b}{3}\right)^3}} + \sqrt[3]{-\frac{c}{2} - \sqrt{\left(\frac{c}{2}\right)^2 + \left(\frac{b}{3}\right)^3}}$$

我们来看一个例子，方程 $x^3 - 6x + 2 = 0$ 有一个解

$$x = \sqrt[3]{-1 + \sqrt{7}\sqrt{-1}} + \sqrt[3]{-1 - \sqrt{7}\sqrt{-1}}$$

　　"表达式 $\sqrt{7}$"的确切含义是什么？这个从古希腊数学留下来的"无理数的数学存在性"问题一直到 16 世纪还没有解决。直到 19 世纪下半叶，数学家们才构造出"自洽的实数公理体系"。

"表达式 $\sqrt{-1}$" 的确切含义是什么? 它是 "数学存在" 吗?

Rafael Bombelli (公元 1526—1572) 称 $\sqrt{-1}$ 为 "plus of minus", $-\sqrt{-1}$ 为 "minus of minus"。他给出了操作式地运用 "plus of minus" 和 "minus of minus" 的四则运算规则。但没有证明这些规则是逻辑自洽的。Descartes 称 $\sqrt{-1}$ 为 "imaginary number" (虚数)。Euler 把 $\sqrt{-1}$ 写为符号 i。这些都是名词、符号转换, 没有回答 "虚数能否成为数学存在" 的实质性问题。Newton 不认为虚数有物理含义; Leibniz 认为虚数是介于存在与不存在之间的两栖物。

直到 18 世纪末和 19 世纪初, Gauss 才解决了 "虚数逻辑自洽" 问题。Gauss 的方法在实质上如下:

定义 4.1　设 a_1, b_1, a_2, b_2, a, b 是实数, 定义

$$(a_1, b_1) + (a_2, b_2) \equiv (a_1 + a_2, b_1 + b_2)$$

$$(a_1, b_1) \cdot (a_2, b_2) \equiv (a_1 a_2 - b_1 b_2, a_1 b_2 + b_1 a_2)$$

$$(a, b)^2 \equiv (a, b) \cdot (a, b)$$

$$\sqrt{-1} \equiv (0, 1)$$

$$(a_1, b_1) = (a_2, b_2) \quad \text{当且仅当 } a_1 = a_2 \text{ 且 } b_1 = b_2$$

带有运算 "+" 和 "·" 的集合 $\{(a, b) | a, b \text{为实数}\}$ 叫复数域, 其中把 $(a, 0)$ 等同于 a。

定理 4.2　$(\sqrt{-1})^2 = -1$。

证明　按照定义 4.1, 有

$$(\sqrt{-1})^2 = (0, 1)^2 = (0, 1) \cdot (0, 1)$$
$$= (0 \cdot 0 - 1 \cdot 1, 0 \cdot 1 + 1 \cdot 0) = (-1, 0)$$
$$= -1$$

因此, 只要实数是逻辑自洽的数学存在, 则虚数是逻辑自洽的数学存在。从此以后, Gauss 把虚数改名为复数。在现代数学中, 复数还有其他逻辑定义方式, 这些方式都是代数同构的。

■ 第二节　虚数的妙

$\sqrt{-1}$ 在数学中是独一无二的: 它有许多美妙的性质。下面我们来欣赏 $\sqrt{-1}$ 的 "妙"。

$z^2 = -1$ 是一个特殊的方程。一般来说，一个特殊的方程有解并不能保证其他方程有解。但是，$z^2 = -1$ 是一个"特殊的特殊"方程。

虚数的美妙之一：$z^{2018} = -1$，$z^{\sqrt{2}} = -1$，$z^\pi = -1$，$z^{\sqrt{-1}} = -1$ 都有复数解。

虚数的美妙之二：每个复系数一元 n 次方程 $z^n + a_{n-1}z^{n-1} + \cdots + a_1z + a_0 = 0$ 都有复数解。(代数基本定理。)

代数基本定理有许多证明。复变函数理论中的许多重要定理都可以推出代数基本定理。但它们都需要解析函数的概念，因而需要导数的概念。这里介绍一个不需要导数概念的证明。它只需要连续概念，因此是"纯拓扑"的证明。设

$$f(z) = z^n + a_{n-1}z^{n-1} + \cdots + a_1z + a_0$$

当 $a_0 = 0$ 时，$f(z)$ 显然有复数解 $z = 0$。下面假定 $a_0 \neq 0$。

在拓扑学中，一个基本思路是"画圈"。任意取定实数 $t \in [0, \infty)$，定义

$$圈 C_t = \{f(tz) | z是复数, |z| = 1\}$$

此处

$$f(tz) = t^n z^n + a_{n-1}t^{n-1}z^{n-1} + \cdots + a_1tz + a_0$$

当 $t = 0$ 时，

$$圈 C_0 = \{f(0z) = a_0\}是一个点$$

当 T 为充分大的正数时，

$$圈 C_T = \{f(Tz) | z是复数, |z| = 1\}$$

C_T 靠近一个半径为 T^n 的圆周，因为 $f(Tz) \approx T^n z^n$。

当 t 从 0 连续地变为 T 时，圈 C_t 从一点 C_0 连续地变成圈 C_T。因此，根据连续性，必存在某个时刻 t_0 使得圈 C_{t_0} 经过 0 点，即存在 t_0z_0 使得 $f(t_0z_0) = 0$。因此 $f(z)$ 有复数解 $z = t_0z_0$。

为了更加直观地理解这个思路，看下面的形象示意图。

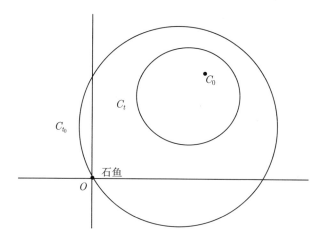

图中，"石鱼"指北京大学未名湖中的"翻尾石鱼"，代表"原点 O"。圈 C_t 代表水波。水波从一点 C_0 处开始，一直向外传播，一定在某时刻 t_0 经过"石鱼"，即存在 $t_0 z_0$ 使得 $f(t_0 z_0) = 0$.

把这个直观的理解写成一个逻辑严格的证明，需要对"实数""复数""连续性"做逻辑严格的定义。然后用拓扑学中"基本群"的概念来表达"圈"，就可写出一个逻辑严格的证明。其核心思想就是上述的"圈"。

虚数的美妙之三：数学中最基本常数 $0, 1, \pi, e$ 通过虚数 $\sqrt{-1}$ 简洁地联系在一起。

$$e^{\pi \sqrt{-1}} + 1 = 0$$

虚数的美妙之四：初等函数通过虚数 $i = \sqrt{-1}$ 简洁地联系在一起。

$$\cos z + i \sin z = e^{iz}$$

$$\text{Arctan} z = \frac{1}{2i} \text{Ln} \frac{i - z}{i + z}$$

$w = \text{Arctan} z$ 是 $z = \tan w$ 的多值反函数，$w = \text{Ln} z$ 是 $z = e^w$ 的多值反函数。

虚数的美妙之五：解析函数的微分、积分、幂级数通过虚数 $\sqrt{-1}$ "直接"地联系在一起。对于 $|z - a| < R$ 上的解析函数 $f(z)$，设 $0 < r < R$，则有 Cauchy 积分公式

$$f^{(n)}(z) = \frac{n!}{2\pi i} \int\limits_{|w-a|=r} \frac{f(w)}{(w - z)^{n+1}} dw$$

和幂级数展开

$$f(z) = f(a) + f'(a)(z - a) + \frac{f^{(2)}(a)}{2!}(z - a)^2 + \cdots$$

虚数的美妙之六：平面中任何有界的单连通区域可保角变换为标准单位圆内部。(复变函数论中 Riemann 映射定理。)

虚数的美妙之七：只有用虚数 $\sqrt{-1}$ 才能表达微观世界量子力学中位置与动量的关系

$$\hat{x}\hat{p}_x - \hat{p}_x\hat{x} = \sqrt{-1}\hbar$$

其中位置算符 $\hat{r} = (\hat{x}, \hat{y}, \hat{z})$，动量算符 $\hat{p} = (\hat{p}_x, \hat{p}_y, \hat{p}_z)$。

虚数 $\sqrt{-1}$ 是现实微观世界的基本数学量

拓扑诗：

$$\sqrt{-1}$$

一点不虚

每时每分每秒

随着粒子飞在眼前！

第五章　自然背后的方程

■ 第一节　形与数的统一

Galileo Galilei (公元 1564—1642) 是近代科学方法论的奠基者。他提出的科学方法论中深刻的一条是对大自然进行"公式的描写",寻求"量的公理"。[1]

要对大自然中运动进行"公式的描写",就要把运动的"点"变为"数",是"形"与"数"的统一。空间坐标系方法可以实现这个统一。由此产生的数学分支叫"坐标"几何,即解析几何。一般认为解析几何是由 René Descartes (公元 1596—1650) 和 Pierre de Fermat (公元 1607—1665) 共同正式创立的。

René Descartes

Pierre de Fermat

Descartes 是哲学家。他试图寻找通向真理的一般方法。他的哲学著作《更好地指导推理和寻求科学真理的方法论》有一个数学附录《几何》。这个数学附录包含了他的坐标几何思想。Fermat 是数学家。他在数学中有多方面的贡献。在数论中,他提出了许多重要问题,对数论的发展有长远的影响。在微分学中,他提出了计算函数极值的一般方法。此外,在物理学中,他还提出了一条重要的几何光学原

① 参见 [31] 第 2 册第 38 页第 1 段, 和第 39 页第 1 段。

理，现在叫费马原理。他的坐标几何思想起步于用代数语言描述古希腊几何学中的
轨迹曲线。

坐标几何的优点在于：

一方面，几何问题通过坐标系可以化为代数问题，从而可以运用"代数的自
由"：移项、合并、负数、虚数、任意次方、任意次根、变量代换，求解公式，等等。
例如：古希腊几何中比较复杂的圆锥曲线问题，通过坐标系可以化为代数中比较简
单的二元二次方程问题。

另一方面，数值问题通过坐标系可以化为几何问题，从而可以运用"几何的直
观"。例如：高次多项式求极值问题通过坐标系可以化为求水平切线的几何问题。
联合方程组求解问题通过坐标系可以化为求曲线交点的几何问题，从而可用作图
求出 (近似) 解。

第二节　数学与自然理性的统一

Newton 在《自然哲学之数学原理》中揭示了大自然的背后是数学方程，实现
了数学与自然理性的统一。

Newton 万有引力定律的数学表达式需要对现实空间做欧氏几何的假定。假定
太阳和行星位于一个"欧氏几何空间坐标系"之中，太阳和行星之间欧氏几何距离
为 r，从太阳到行星的向量为 $\boldsymbol{r}$，则质量为 M 的太阳对质量为 m 的行星的引力 $\boldsymbol{F}$
的"公式的描写"是

$$\boldsymbol{F} = -G\frac{mM}{r^2}\frac{\boldsymbol{r}}{r}$$

这里 G 代表万有引力常量。结合力学第二定律：

$$\boldsymbol{F} = m\ddot{\boldsymbol{r}}$$

可以得到

$$m\ddot{\boldsymbol{r}} = -GmM\frac{\boldsymbol{r}}{r^3}$$

$$\ddot{\boldsymbol{r}} = -GM\frac{\boldsymbol{r}}{r^3}$$

由 $\boldsymbol{r} = (x, y, z)$ 得

$$\ddot{x} = -GM\frac{x}{(x^2 + y^2 + z^2)^{\frac{3}{2}}}$$

$$\ddot{y} = -GM\frac{y}{(x^2 + y^2 + z^2)^{\frac{3}{2}}}$$

$$\ddot{z} = -GM\frac{z}{(x^2+y^2+z^2)^{\frac{3}{2}}}$$

第一步：

$$\frac{\mathrm{d}}{\mathrm{d}t}(\dot{\boldsymbol{r}}\times\boldsymbol{r}) = \ddot{\boldsymbol{r}}\times\boldsymbol{r} + \dot{\boldsymbol{r}}\times\dot{\boldsymbol{r}} = -GM\frac{\boldsymbol{r}}{r^3}\times\boldsymbol{r} = 0$$

因此，$\dot{\boldsymbol{r}}\times\boldsymbol{r}$ 是一个与时间 t 无关的向量，记为 $\boldsymbol{n}$。数学上 $\boldsymbol{n}=\dot{\boldsymbol{r}}\times\boldsymbol{r}$ 总是与 $\boldsymbol{r}$ 垂直。因此 $\boldsymbol{r}$ 总是位于一个与 $\boldsymbol{n}$ 垂直的平面上，即：

Kepler 第一定律的一部分　行星轨道在一个平面上。

选 $\boldsymbol{n}$ 为 z 方向，行星轨道平面是 $z=0$，因此得

$$\ddot{x} = -GM\frac{x}{(x^2+y^2)^{\frac{3}{2}}}$$

$$\ddot{y} = -GM\frac{y}{(x^2+y^2)^{\frac{3}{2}}}$$

第二步：用极坐标 $x=r\cos\theta$ 与 $y=r\sin\theta$，有

$$\ddot{x} = (\ddot{r}-r\dot{\theta}^2)\cos\theta - (2\dot{r}\dot{\theta}+r\ddot{\theta})\sin\theta$$

$$\ddot{y} = (\ddot{r}-r\dot{\theta}^2)\sin\theta + (2\dot{r}\dot{\theta}+r\ddot{\theta})\cos\theta$$

则

$$\ddot{r}-r\dot{\theta}^2 = \ddot{x}\cos\theta + \ddot{y}\sin\theta$$

$$2\dot{r}\dot{\theta}+r\ddot{\theta} = -\ddot{x}\sin\theta + \ddot{y}\cos\theta$$

由此得

$$\ddot{r}-r\dot{\theta}^2 = \ddot{x}\cos\theta + \ddot{y}\sin\theta = -GM\frac{x}{(x^2+y^2)^{\frac{3}{2}}}\cos\theta - GM\frac{y}{(x^2+y^2)^{\frac{3}{2}}}\sin\theta$$

$$= -GM\frac{r\cos\theta}{r^3}\cos\theta - GM\frac{r\sin\theta}{r^3}\sin\theta = -GM\frac{1}{r^2}$$

$$\frac{1}{r}\frac{\mathrm{d}}{\mathrm{d}t}(r^2\dot{\theta}) = 2\dot{r}\dot{\theta}+r\ddot{\theta} = -\ddot{x}\sin\theta + \ddot{y}\cos\theta$$

$$= GM\frac{x}{(x^2+y^2)^{\frac{3}{2}}}\sin\theta - GM\frac{y}{(x^2+y^2)^{\frac{3}{2}}}\cos\theta$$

$$= GM\frac{r\cos\theta}{r^3}\sin\theta - GM\frac{r\sin\theta}{r^3}\cos\theta = 0$$

所以

$$\frac{\mathrm{d}}{\mathrm{d}t}(r^2\dot{\theta}) = 0$$

即 $\frac{1}{2}r^2\dot{\theta}$ 是一个与时间 t 无关的数量，记为 α，它的几何含义是从太阳到行星的向

量在单位时间扫过的面积。因此得到：

Kepler 第二定律　从太阳到行星的向量在相等时间内扫过相等面积。

第三步：设 $u = \dfrac{1}{r} - \dfrac{GM}{4\alpha^2}$。由上面两式

$$\ddot{r} - r\dot{\theta}^2 = -GM\frac{1}{r^2}$$

$$r^2\dot{\theta} = 2\alpha$$

推出

$$\frac{\mathrm{d}u}{\mathrm{d}\theta} = \frac{\mathrm{d}u}{\mathrm{d}t}\frac{\mathrm{d}t}{\mathrm{d}\theta} = -\frac{1}{r^2}\frac{\mathrm{d}r}{\mathrm{d}t}\frac{1}{\dot{\theta}} = -\frac{1}{2\alpha}\dot{r}$$

$$\frac{\mathrm{d}^2u}{\mathrm{d}\theta^2} = -\frac{1}{2\alpha}\frac{\mathrm{d}\dot{r}}{\mathrm{d}t}\frac{\mathrm{d}t}{\mathrm{d}\theta} = -\frac{1}{2\alpha}\ddot{r}\frac{1}{\dot{\theta}} = -\frac{1}{2\alpha}\left(r\dot{\theta}^2 - GM\frac{1}{r^2}\right)\frac{1}{\dot{\theta}}$$

$$= -\frac{1}{2\alpha}\frac{1}{r}r^2\dot{\theta} + \frac{1}{2\alpha}GM\frac{1}{r^2\dot{\theta}} = -\frac{1}{2\alpha}\left(u + \frac{GM}{4\alpha^2}\right)2\alpha + \frac{1}{2\alpha}GM\frac{1}{2\alpha} = -u$$

此常微分方程的通解是

$$u = \beta\cos(\theta - \theta_0)$$

其中 β 和 θ_0 是与 θ 无关的数量。

$$r = \frac{1}{\dfrac{GM}{4\alpha^2} + u} = \frac{1}{\dfrac{GM}{4\alpha^2} + \beta\cos(\theta - \theta_0)}$$

是圆锥曲线的极坐标方程。行星轨道是有界的，太阳所在的 $r = 0$ 处是焦点，因此得到：

Kepler 第一定律　行星轨道是一个平面椭圆，太阳在其焦点上。

第四步：用 Q 代表椭圆

$$r = \frac{1}{\dfrac{GM}{4\alpha^2} + u} = \frac{1}{\dfrac{GM}{4\alpha^2} + \beta\cos(\theta - \theta_0)}$$

上极坐标 $r = \dfrac{4\alpha^2}{GM}$ 与 $\theta = \theta_0 + 90°$ 的点。焦点 P 的极坐标 $r = 0$。因此

$$P \text{ 到 } Q \text{ 的距离} = \frac{4\alpha^2}{GM}$$

把此椭圆化为直角坐标系 (X, Y) 中标准形

$$\frac{X^2}{A^2} + \frac{Y^2}{B^2} = 1$$

其中 $A > B > 0$，则焦点 P 的直角坐标是 $X = \pm\sqrt{A^2 - B^2}$ 与 $Y = 0$，点 Q 的直角坐标是相同的 X 但 $Y = \pm\dfrac{B^2}{A}$。因此上面 P 到 Q 的距离公式推出

$$\frac{4\alpha^2}{GM} = \frac{B^2}{A}$$

上面 α 的含义是从太阳到行星的向量在单位时间内扫过的面积。因此，行星绕太阳一圈的时间 T 内扫过的面积 $T\alpha$ 等于椭圆的面积 πAB. 再用上面公式得

$$T^2 = \left(\frac{\pi AB}{\alpha}\right)^2 = (\pi AB)^2 \frac{4A}{B^2 GM} = \frac{4\pi^2}{GM} A^3$$

即：

Kepler 第三定律　行星绕太阳一圈时间的平方与其轨道椭圆长轴的立方的比例与其长轴无关。

从 Newton 的万有引力方程推出 Kepler 的行星运动三个定律的数学推导过程不复杂。但对于数学价值的认识，是一个无与伦比的飞跃：大自然的秘密藏在它背后的数学方程中——自然背后的方程。

第三节　Newton 的数学工作

在数学中，Newton 与 Leibniz 分别独立地发现了伟大的 Newton-Leibniz 公式：当 $F'(x) = f(x)$ 在 $[a,b]$ 上连续时，有

$$\int_a^b f(x)\mathrm{d}x = F(b) - F(a)$$

这个公式把左边的无穷极限计算简化为右边的两个值的差，因而"有力"；同时适合所有连续函数，因而"普遍"。在数学中，既"有力"又"普遍"的数学定理是不可多得的。

古代希腊 Archimedes 计算欧氏几何中球体积用的是力学方法，这不是普遍的数学方法。古代中国祖暅用的是祖氏原理"幂势既同，则体积不容异"和几何体分解方法，这也不是普遍的数学方法。而用近代的 Newton-Leibniz 公式，简单地

$$2\int_0^r \pi(\sqrt{r^2 - x^2})^2\mathrm{d}x = 2\pi\int_0^r (r^2 - x^2)\mathrm{d}x = 2\pi\left(r^2 x - \frac{1}{3}x^3\right)\Big|_0^r$$
$$= 2\pi\left(r^3 - \frac{1}{3}r^3\right) = \frac{4}{3}\pi r^3$$

这代表着数学从古代到近代真正的进步。

如果从"形式化"的观点看 Newton-Leibniz 公式

$$F'(x) = f(x)$$

$$\int_a^b f(x)\mathrm{d}x = F(b) - F(a)$$

$$\int_{[a,b]} \mathrm{d}F = F|_{\partial[a,b]}$$

$$\langle \mathrm{d}F, [a,b] \rangle = \langle F, \partial[a,b] \rangle$$

就会得到一些深刻的启发: 微分算子 d 与边缘算子 ∂ 是对偶的, 其中 d 代表"数"的思维与"局部"思维, ∂ 代表"形"的思维与"整体"思维。在这个启发的指引下, 就可以把 Newton-Leibniz 公式推广到两元微积分学中的 Green 公式、多元微积分学中的 Stokes 公式, 以及现代一般微分流形上的 De Rham 上同调理论。

除了伟大的 Newton-Leibniz 公式之外, Newton 和 Leibniz 在数学中还做了许多开创性的工作, 成为后来数学许多发展的起点。下面分别是他们的一些显著数学工作。

Newton 的显著数学工作有:

(一) 1664/1665 年, Newton 给出任意"有理数幂"的二项式展开。

注   James Gregory 在 1670 年也独立给出。

(二) 1666 年, Newton 的 *Tract on Fluxions* (《流数简论》) 包含了"流数术": 已知变量之间关系, 求变量的导数之间关系; 也包含了"反流数术": 已知变量的导数之间关系, 求变量之间关系; 还包含了一般的微积分学基本定理: 面积 = 反流数。

(三) Newton 的《流数简论》还包含了把流数术和反流数术用于一般曲线的研究: 切线、曲率、拐点、求长、求面积。这是微分几何学的起点。

(四) 1667 年, Newton 的《三次曲线枚举》包含了二元三次曲线的实变量仿射分类。

注   二元二次曲线的分类已经在解析几何学中完成。自然地, Newton 要研究二元三次曲线的分类。二元三次多项式

$$ax^3 + bx^2y + cxy^2 + dy^3 + ex^2 + fxy + gy^2 + hx + ly + m$$

在可逆实线性变换与平移变换下的标准形有 78 类。Newton 得到其中 72 类, James Stirling 在 1717 年补了 4 类, Jean Paul de Gua de Maives 在 1740 年又补了 2 类。

Newton 还用割线–切线几何解释了二元三次曲线上的 Diaphantus 加法公式。二元三次曲线是近现代数学中的一个十分重要的课题，研究它的观点和语言也不断地进化：椭圆积分、椭圆函数、椭圆曲线。

(五) 1669 年，Newton 的《运用无限多项方程的分析》包含了幂级数的逐项求导、逐项积分的方法。

(六) Newton 给出了 $\sin x, \cos x, \tan x, \arcsin x, \arctan x$ 的幂级数展开。他的方法是二项式展开、逐项积分以及待定系数法。

注 Leibniz 也独立得到 $\sin x, \cos x, \arctan x$ 的幂级数展开。

(七) 1671 年，Newton 给出了求一般的二元多项式方程的"分数幂的级数解"的方法。

(八) 1676 年，Newton 给出了曳物线 (tractrix) 的轨迹方程。

注 后来几何家们认识到把曳物线绕 x 轴一周得到的旋转曲面就可以提供非欧几何的一个真实模型，称为伪球面。

(九) 1687 年，Newton 的《自然哲学之数学原理》第一卷中包含了 11 个数学引理，用初等几何语言，系统地叙述了流数的最终比极限理解、积分概念、微分概念、二阶微分概念。最重要的是用这些概念和方法，从引力方程推出 Kepler 的太阳系行星运动三个定律。

(十) 1697 年，Newton 解决了"最速下降线问题"。

注 Leibniz, L'Hospital, Jacob Bernoulli, John Bernoulli 也各自独立地给出解。这是变分法的一个起点。

(十一) 1707 年，Newton 的《普遍算术》包含了多项式根的"幂和"与"系数"关系。

(十二) Newton 给出了一般的 n 次插值公式。

注 James Gregory 也独立得到。

(十三) Newton 给出了求一般的方程 $f(x) = 0$ 根的一个迭代公式。

第四节　Leibniz 的数学工作

Gottfried Wilhelm Leibniz (公元 1646—1716) 是文理通才。在数学中，Leibniz 与 Newton 独立地创立了微积分，因此 Leibniz 与 Newton 一样是伟大的数学家。Leibniz 还是哲学家、语言学家、法学家、科学活动家和外交官。在数学中，Leibniz 的一些设想、符号、法则、价值观影响十分深远。

Gottfried Wilhelm Leibniz

Leibniz 的显著数学工作有：

(一) 1666 年，Leibniz 在《论组合的艺术》中提出把"思维符号化"从而可以运算。这是"数理逻辑"的设想。

(二) 1675 年，Leibniz 发明了积分符号 $\int$，表示和的极限。

(三) 1675 年，Leibniz 发明了符号 dx, dy.

注　dx 是一个很有启发性的数学符号。在微分流形理论中，dx 可以引出来一次微分形式的概念，并可推广为一般的 k 次微分形式。dx 中 d 可以分出来，推广为作用在一般的 k 次微分形式上的外微分算子。由此，可以得到微分流形上的 De Rham 上同调理论。然后，用 Stokes 公式把 d 对偶成边缘算子 ∂，可以再进一步得到拓扑空间的同调群理论。然后，再用代数对偶，又可以得到拓扑空间的"上同调"环理论。奇妙的是，上同调类有上积 (cup product) 运算。微分形式的外积运算只在微分流形上才有定义，但上同调类的上积运算对任何拓扑空间都有定义。拓扑空间的范围大大超过微分流形的范围。这是一个数学奇迹。

(四) 1676 年，Leibniz 给出了复合函数的微分法则。

注　复合函数的微分法则是一条深刻的法则：它能推出一阶微分的"形式"不变性。复合函数的微分法则又叫微分链式法则。

(五) 1677 年，Leibniz 给出了和、差、积、商、幂、方根的微分法则。

(六) 1677 年，Leibniz 明确陈述了一般的微积分学基本定理：积分 = 反切线。

(七) 1679 年，Leibniz 的《二进制算术》包含了二进制记数法。

(八) 1679 年，Leibniz 在《几何特征》中提出"对图形进行直接运算"的设想。

注　20 世纪数学中的"代数拓扑"学实现了 17 世纪 Leibniz 的"对图形进行直接运算"的设想。

(九) 1684 年，Leibniz 发表了数学史上第一篇正式发表的微积分文献《一种求极大与极小值和求切线的新方法》，其中包含了用微分法求极大值、极小值、曲线拐点。

(十) Leibniz 给出了 $\sin x, \cos x, \arctan x$ 的幂级数展开。

注　Newton 也独立得到。

(十一) 1691 年，Leibniz 用分离变量法解常微分方程 $y\dfrac{dx}{dy} = f(x)g(y)$。这是常微分方程研究的一个开始。

(十二) 1693 年，Leibniz 定义了三阶行列式。

(十三) 1697 年，Leibniz 解决了"最速下降线问题"。

注　Newton, L'Hospital, Jacob Bernoulli, John Bernoulli 也各自独立地给出

解。这是变分法的一个起点。

第五节　Newton 与 Leibniz 微积分的特色比较

Newton 的微积分与 Leibniz 的微积分在基本原理上是一样的，因此他们是微积分共同创立者。但是，Newton 是物理学家，Leibniz 是哲学家和语言学家。自然地，他们在创立和发展微积分过程中，价值观和思维方式会有所不同。特别是，他们的着重点对后来几百年数学发展的道路有着深远的启示。

（一）Newton 微分学最基本概念是"导数"。Leibniz 微分学最基本概念是"微分"。

导数是依赖于坐标系的。在前面已经讲到，微分概念引出了内在微分形式概念，带来了后来的很多发展。

（二）Newton 积分学最基本概念是"不定积分"。Leibniz 积分学最基本概念是"定积分"。

不定积分概念一般不容易普遍地推广到多变量（因为偏导函数之间需要满足相容性条件：任意给定对各个自变量的偏导函数，不一定存在一个多元原函数）。不定积分概念一般也难普遍地推广到弯曲空间上。

定积分概念比较容易推广到多变量情形。更重要的是，定积分概念可以推广到弯曲空间上，如曲线积分、曲面积分、微分流形上的积分。还可以推广到任何 Lebesgue 可测集上，如 Lebesgue 积分，再推广到任何抽象测度空间上。因此，定积分的意义是广泛的。

（三）Newton 重视"无穷"级数。Leibniz 重视"有限"表达式。

无穷级数在数学中显示出巨大的计算威力。幂级数也是复变函数理论的研究方法之一。从有限表达式的观点出发，会问：

$$\int_0^t \frac{1}{\sqrt{1-x^3}}\mathrm{d}x, \quad \int_0^t \frac{1}{\sqrt{1-x^4}}\mathrm{d}x$$

能不能像

$$\int_0^t \frac{1}{\sqrt{1-x^2}}\mathrm{d}x = \arcsin t$$

一样，用 t 的初等函数有限地表达出来？这个问题自然地可以推广为

$$\int_0^t R(x,y)\mathrm{d}x$$

能不能用 t 的初等函数有限地表示出来？这里 x 和 y 满足一个二元多项式方程

$$\sum_{p=0,q=0}^{m,n} a_{pq}x^p y^q = 0$$

$R(x,y)$ 是 x 和 y 的有理函数。后来，Euler，Gauss，Abel，Riemann 等都研究过这类问题，产生了一些数学新分支。在后面的章节中会讲到。

(四) Newton 不重视符号的选择。Leibniz 重视符号的精心选择。

Leibniz 的符号 $\int$ 和符号 $\mathrm{d}x$，成为数学符号的楷模。更重要的是，如前面讲到的，$\mathrm{d}x$ 给后来的数学带来了许多深刻的启示。

(五) Newton 不重视法则的明确陈述。Leibniz 重视法则的明确陈述。

上面已讲了 Leibniz 的复合函数的微分法则是一个深刻的法则。此外，Leibniz 的乘积函数的微分法则也是一个深刻的法则。前面讲到的 Euclid 第四公设蕴含了"平行移动"的操作。"平行移动"的操作可以被公理化为"联络"(connection) 的概念。"联络"概念是非常深刻的：大自然中现在已经发现的四个最基本相互作用的几何都是联络几何。从分析学的角度看，"联络"可以等价地定义为向量丛上满足 (广义的) "Leibniz 乘积法则" 的数乘线性算子。因此，"Leibniz 乘积法则" 是非常深刻的法则。

(六) Newton 把微积分用于天文学、物理学、几何学。Leibniz 把微积分主要用于几何学。

在 Newton 的微积分中，数学与自然理性是统一的，具有伟大的科学意义。

第六章 经典数学的发展

第一节 Euler 的数学工作

　　Newton 和 Leibniz 给数学带来的是质变。自然地，下面发展阶段应是数学的量变过程。在 Newton 和 Leibniz 之后，数学的主要任务是在他们开辟的数学方向上继续向前推进，并在他们的数学思想的指引下，开创新的数学方向。在英国，做出重要贡献的有 Brook Taylor (公元 1685—1731)，Colin Maclaurin (公元 1698—1746)，James Stirling (公元 1692—1770)。在欧洲大陆，做出重要贡献的有 Bernoulli 家族的数学家们，特别是 Jacob Bernoulli (公元 1655—1705)，John Bernoulli (公元 1667—1748)，Daniel Bernoulli (公元 1700—1782)。John Bernoulli 还是 Euler 的老师。

Leonard Euler

　　Leonard Euler(公元 1707—1783) 在 18 世纪把数学和力学中许多方面都向前大大地推进。Euler 还写了许多基础数学教材，为他那个时代的数学教育做出了巨大的贡献。Euler 的人格力量也是感人的。1766 年 Euler 不幸双目失明，但他继续做数学和科学研究，直到他生命的最后一天。1783 年 9 月 18 日，Euler 停止了生命，也停止了计算。

　　Euler 的显著数学工作有：

　　(一) 1729—1731 年，Euler 发现 $n!$ 的解析函数推广。现在叫 Γ 函数，一般写为

$$\Gamma(z) = \int_0^{+\infty} x^{z-1}\mathrm{e}^{-x}\mathrm{d}x.$$

当 z 是正整数 n 时，$\Gamma(n) = (n-1)!$.

　　注　Γ 函数是一个重要的特殊函数，有广泛的应用。

　　(二) 1732 年，Euler 证明 $2^{2^5} + 1$ 不是素数。Euler 计算出 $2^{2^5} + 1 = 2^{32} + 1 = 4294967297$ 有因子 641。

注 验证 $4294967297 = 641 \times 6700417$ 很容易。但判定"一个任意给定的正整数是不是素数"要困难得多。形如 $2^{2^n}+1$ 的素数在古典几何作图问题"哪个正 n 边形可以用直尺与圆规在有限步内做出"中出现。现在叫 Fermat 素数。在定性方面，对于 Fermat 素数了解得不多。例如，到目前为止，还不知道是否有无穷个 Fermat 素数。

(三) 1734—1735 年，Euler 用"积分因子"法解一阶常微分方程

$$M(x,y)\mathrm{d}x + N(x,y)\mathrm{d}y = 0$$

注 Clairaut 在 1739—1740 年也独立地提出积分因子法。

(四) 1735 年，Euler 证明了 Koenigsberg 七桥问题无解。

注 Koenigsberg 七桥问题的本质不是代数问题，与"桥的重量"无关；也不是传统的几何问题，与"桥的长度"无关；它是一类新问题，只与"整体形状"有关，现在叫"拓扑"问题。

(五) 1735 年，Euler 定义了 Euler 常数：

$$C = \lim_{n\to\infty}\left(1 + \frac{1}{2} + \cdots + \frac{1}{n} - \ln n\right)$$

注 在定性方面，对于 Euler 常数了解得不多。例如，到目前为止，还不知道它是不是无理数。在定量方面，Euler 最初计算了它的前 6 位小数，它的近似值是 0.577216. 现在已经可以计算到上亿位了。

(六) 1736 年，Euler 引入曲线的内在的弧长坐标。

注 弧长坐标与"外在"坐标不同在于它是"内在"几何坐标。

(七) 1737 年，Euler 证明自然对数的底 e 是无理数。

注 e 其实是超越数，即 e 不满足任何整系数多项式方程。这个结果由 Hermite 在 1873 年证明。1882 年，Lindermann 证明圆周率 π 也是超越数。但到目前为止，还不知道 e + π 是否为超越数。

(八) 1737 年，Euler 证明了

$$\sum_{n=1}^{\infty}\frac{1}{n^s} = \prod_{p\,\text{素数}}^{\infty}\frac{1}{1 - \dfrac{1}{p^s}}$$

注 上式左边是 Rimann ζ 函数，一个整体超越函数。右边是局部化在每个素数上的函数的乘积 (粘贴)。它有深刻的引申意义。

(九) 1740—1743 年，Euler 明确陈述完整的 Euler 公式：

$$\mathrm{e}^{\sqrt{-1}z} = \cos z + \sqrt{-1}\sin z$$

注　这个公式使得在复数域上初等函数能统一起来。它常被认为是最美数学公式之一。历史上 Roger Cotes 和 Abraham de Moivre 也有部分贡献。

(十) 1742 年，Euler 把 Goldbach 猜想明确化。Goldbach 猜想：每个大于 2 的偶数是两个素数的和。例如：$4 = 2 + 2, 6 = 3 + 3, 8 = 3 + 5, 10 = 3 + 7 = 5 + 5$。

注　但 Euler 没有证明 Goldbach 猜想。陈景润 (公元 1933—1996) 在 1966 年证明了下面的定理：每个充分大的偶数是两个素数的和，或者是一个素数加上两个素数的乘积。

(十一) 1743 年，Euler 证明了

$$1 + \frac{1}{2^2} + \frac{1}{3^2} + \cdots = \frac{1}{6}\pi^2$$

$$1 + \frac{1}{2^4} + \frac{1}{3^4} + \cdots = \frac{1}{90}\pi^4$$

1755 年，Euler 又证明了一般的公式：当 k 是正整数时，有

$$1 + \frac{1}{2^{2k}} + \frac{1}{3^{2k}} + \cdots = \frac{2^{2k-1}|B_{2k}|}{(2k)!}\pi^{2k}$$

注　此处的 Bernoulli 数 B_{2k} 在数学中有很多应用，它们是 Jacob Bernoulli 在研究"求幂和的一般公式"时发现的。现在它有多种定义方式，其中之一是用下面的级数来定义：

$$\frac{z}{e^z - 1} = 1 - \frac{z}{2} + \sum_{k=1}^{\infty} B_{2k}\frac{z^{2k}}{(2k)!}$$

上面 Euler 的公式显示了 Bernoulli 数与 Riemann ζ 函数的联系。奇妙的是，在研究 n 维同胚球面上有多少个微分结构类的问题时，Bernoulli 数也出现了。素数，球面，数学中最基本"数"和"形"，都与 Bernoulli 数有关。

请读者注意在有的文献中，此处定义的 Bernoulli 数 B_{2k} 被写为 $(-1)^{k-1}B_k$。

(十二) 1743 年，Euler 用指数函数方法解一般常系数 n 阶齐次线性常微分方程。

(十三) 1744 年，Euler 得到变分法中基本的 Euler-Lagrange 方程。

注　Joseph Louis Lagrange (1736—1813) 在 1760 年也独立地得到。Euler-Lagrange 方程在分析学和物理学中具有普遍意义。

(十四) 1744—1746 年，Euler 发现了二次互反律。

二次互反律第一部: 若 p, r 是不同的奇素数, $\dfrac{(p-1)(r-1)}{4}$ 是偶数, 则 $x^2 \equiv p(\bmod r)$ 和 $x^2 \equiv r(\bmod p)$ 同时有解, 或者同时没有解。例如: 因为 $\dfrac{(1997-1)(3-1)}{4}$ 是偶数, $x^2 \equiv 1997 \equiv 2(\bmod 3)$ 没有解, 所以 $x^2 \equiv 3(\bmod 1997)$ 也没有解。

二次互反律第二部: 若 p, r 是不同的奇素数, $\dfrac{(p-1)(r-1)}{4}$ 是奇数, 则 $x^2 \equiv p(\bmod r)$ 和 $x^2 \equiv r(\bmod p)$ 中有一个有解, 另一个没有解。例如: 因为 $\dfrac{(1999-1)(3-1)}{4}$ 是奇数, $x^2 \equiv 1999 \equiv 1(\bmod 3)$ 有解, 所以 $x^2 \equiv 3(\bmod 1999)$ 没有解。

Pierre Deligne

注　中国古代数学对一次同余方程组的研究做出了很大贡献。二次互反律是关于二次同余方程的。Euler 没有证明二次互反律。Gauss 在 1796 年第一次完全证明了二次互反律。Gauss 一生给出了八个证明。对于高次同余方程组的系统性研究, André Weil(公元 1906—1998) 在 1949 年根据他在代数曲线上结果, 和拓扑学中 Lefschetz 不动点定理中的思想方法, 提出了有关高次同余方程组 "解的个数" 的 Weil 猜想。Pierre Deligne (公元 1944—) 在 1973 年证明了 Weil 猜想中最难的部分。Deligne 1978 年被授予 Fields 奖, 2008 年被授予 Wolf 奖, 2013 年被授予 Abel 奖。

(十五) 1749 年, Euler 用 "三角级数" 方法解弦振动一维波动方程

$$\frac{1}{c^2}\frac{\partial^2 u}{\partial t^2} = \frac{\partial^2 u}{\partial x^2}, \quad u = u(t, x)$$

注　如果在初始 $t = 0$ 时, 函数 $u(0, x)$ 可以由三角级数来表示, 那么就容易写出方程解 $u(t, x)$ 的三角级数表达式。问题是: 任意初始函数都可以由三角级数来表示吗? 这个问题在 Euler 时代引起了同时代以及后来许多数学家的争论。[1]事实上, 这是一个非常深刻的问题, 激发了后来分析学的重大发展。在后面的章节中会讲解这个问题。

(十六) 1751/1752 年, Euler 证明了凸多面体的 Euler 公式:

$$点数 - 边数 + 面数 = 2.$$

注　历史上 Descartes 在约 1630—1639 年也知道这个公式, 但没发表。

一个二维球面有无数个不同的三角剖分。Euler 公式含义是对于二维球面的所有三角剖分: "点数 − 边数 + 面数" 都是相等的。像 "点数 − 边数 + 面数" 这样的量叫**拓扑不变量**。在 Euler 那个时代, 微积分的 "变量" 思想占主导地位, "不变

① 参见 [31] 第 2 册第 246—254 页。

量"的思想还没有显示出威力，所以 Euler 似乎也没有继续把这个凸多面体公式向前推进。

大学里学的线性代数中，有几个不变量：秩、符号差、特征值，等等，它们十分重要。线性代数作为系统性的理论，在 19 世纪中叶才形成，比微积分晚了近二百年。线性代数中的"线性"现象看似比微积分中的"非线性"现象要简单，为什么理论形成反而晚呢？原因之一是"不变量"思想在 17 世纪、18 世纪的数学中还没有显现出巨大威力。

只有当分析学发展到"多变量"时代，代数学发展到"多元"时代，到了分析计算与代数计算变得异常复杂的时候，"不变量"的思想才显示出巨大威力。到 19 世纪末 20 世纪初，Poincaré 体会到 Euler 凸多面体公式中所蕴含的"不变量"思想的力量，正式创建了"代数拓扑学"。

代数拓扑学提供的众多的"不变量"使得 20 世纪的"多变量数学""大范围数学""非线性数学""非交换数学"等进入了新的境界 [8]。当代，代数拓扑的"不变量"思想正在向物理学 (如量子场论、拓扑绝缘体等)、生物学 (如 DNA 拓扑结构等) 等自然科学，以及经济学 (如经济均衡等) 等社会科学渗透，前途不可限量。

(十七) 1753 年，Euler 证明 $x^3 + y^3 = z^3$ 没有正整数解。

注　这是通往证明 Fermat 大定理"当 $n \geqslant 3$ 时，$x^n + y^n = z^n$ 没有正整数解"的"万里长征"的第一步。Fermat 大定理最后由 Andrew Wiles (公元 1953—) 在 1995 年证明。Wiles 于 1998 年被授予 Fields 奖银质奖章 (到目前为止是唯一的)，1995/1996 年被授予 Wolf 奖，2016 年被授予 Abel 奖。

Andrew Wiles

(十八) 1756/1757 年，Euler 得到常微分方程

$$\frac{\mathrm{d}x}{\sqrt{1-x^4}} = \frac{\mathrm{d}y}{\sqrt{1-y^4}}$$

的一般解

$$a^2 x^2 y^2 + x^2 + y^2 - 2\sqrt{1-a^4}\,xy - a^2 = 0$$

其中 a 是任意常数。

注　历史上 Fagano 在 1717—1720 年先得到一个特解 $x^2 y^2 + x^2 + y^2 - 1 = 0$，这对应于 $a = 1$ 情形。一般地，当 $a \neq 0$ 时，上面的 Euler 通解是一个二元四次多项式方程。把它看作 y 的二次方程，解出

$$y = \frac{x\sqrt{1-a^4} + a\sqrt{1-x^4}}{1 + x^2 a^2} \quad 或 \quad y = \frac{x\sqrt{1-a^4} - a\sqrt{1-x^4}}{1 + x^2 a^2}$$

如果定义

$$x \oplus a = \frac{x\sqrt{1-a^4} + a\sqrt{1-x^4}}{1+x^2a^2}$$

那么上面的 Euler 通解可以简洁表示为

$$y = x \oplus a \quad \text{或} \quad y = x \oplus (-a)$$

显然地,"$\oplus$"满足交换律:$x \oplus a = a \oplus x$,零元律:$x \oplus 0 = x$,负元律:$x \oplus (-x) = 0$。

奇妙的是"$\oplus$"还满足结合律:

$$(x \oplus a) \oplus b = x \oplus (a \oplus b)$$

这个结合律可以从下面的"奇妙的 Euler 加法定理"显然地看出来,因为左边通常的加法满足结合律①:

$$\int_0^x \frac{\mathrm{d}t}{\sqrt{1-t^4}} + \int_0^a \frac{\mathrm{d}t}{\sqrt{1-t^4}} = \int_0^{x \oplus a} \frac{\mathrm{d}t}{\sqrt{1-t^4}}$$

事实上,"$\oplus$"是一种"新加法"。这个"新加法"来自何处?我们在后面章节中会讲到。

(十九) 1760 年,Euler 在《曲面上的曲线的研究》描述了曲面"法曲率""主曲率"的概念。

注 这里的曲面是三维欧氏空间中的曲面。如何刻画曲面在一点处的"弯曲"程度?例如,正圆柱面在垂直方向是直的,弯曲程度定义为"0";在水平方向是圆的,弯曲程度定义为"圆半径的倒数"。对于三维欧氏空间中的一般曲面,Euler 定义了在曲面给定点处、给定切方向上的"法曲率"。在曲面给定点处,法曲率是依赖于切方向的,Euler 把其中最大法曲率与最小法曲率定义为"主曲率"。然后可以定义:

曲面在给定点处的"总曲率"= 此处最大法曲率与此处最小法曲率的乘积

这个"总曲率"的背后隐藏着巨大的秘密,但 Euler 似乎没有意识到。揭示这个秘密的,并意识到它非凡意义的是 Gauss。我们在讲解 Gauss 的工作时,会讲解这个秘密。

(二十) 1776—1783 年,Euler 得到下面的偏微分方程组

$$\frac{\partial u}{\partial x} = \frac{\partial v}{\partial y}$$

---

① 参见 [31] 第 2 册第 139 页,和 [63] 第 158 页。

$$\frac{\partial u}{\partial y} = -\frac{\partial v}{\partial x}$$

注   Euler 是对积分计算的研究中得到上面方程组的。Jean le Rond d'Alembert (公元 1717—1783) 在 1752 年对二维稳定无旋不可压缩流体的研究中也得到了上面的方程组。但 Euler 和 d'Alembert 似乎都没深入研究这个方程组。历史上首先认识到这个方程组非凡意义的应该是 Riemann。现在这个方程组通常叫作 Cauchy-Riemann 方程。它是最简单的非平凡的"椭圆型"线性偏微分方程组。

如果用代数的眼光去看这个方程: 把 $\frac{\partial}{\partial x}$ 看作 ξ_1, 把 $\frac{\partial}{\partial y}$ 看作 ξ_2, 则得到

$$\xi_1 u - \xi_2 v = 0$$

$$\xi_2 u + \xi_1 v = 0$$

它的系数矩阵, 在 ξ_1 与 ξ_2 不全为 0 时, 总是可逆的。这样的线性偏微分方程组叫"椭圆型"。"椭圆型"的性质是一个关键的性质。

椭圆型偏微分方程组在许多领域中自然地出现。例如: Laplace 方程 (引力位势方程)、Hodge-Laplace 方程、Spin 流形上的 Dirac 方程、Riemann 流形上的 Yang-Mills 方程。奇迹的是: 在原理上, 任何偶数维空间上椭圆型线性偏微分方程组都可以"形变"为二维空间上 Cauchy-Riemann 方程的一种"乘积"。这是 20 世纪数学的一个重大发现: Bott 周期律用算子语言来表述的形式。我们在后面的章节中会讲到。

第二节   Fourier 展开

在微分学中, Taylor 展开是对函数的一个深刻的认识。Taylor 展开式只有"可数"个系数, 而函数有"不可数"个函数值。用"可数"个信息表示"不可数"个信息是巨大的简化。但 Taylor 展开有一个条件: 要求这个函数在一个开区间上有任意阶导数。在实际问题中, 如在信号处理中, 这个条件往往不能得到满足。

从较高的观点来看 Taylor 展开, Taylor 展开的"数学哲学"是: 试图把一个"一般"函数"表示"为"可数"个熟知函数的线性和。

幂函数 x^n 是熟知的, 三角函数 $\sin nx$ 与 $\cos nx$ 也是熟知的。如果用 $\sin nx$ 与 $\cos nx$ 代替 x^n, 那么能"表示"的函数类是不是扩大了呢? 三角函数 $\sin nx$ 与 $\cos nx$ 是最基本的周期函数, 大自然充满着周期过程, 因此可以大胆地问一问:

是不是任意一个函数都可以"表示"为可数个 $\sin nx$ 和 $\cos nx$ 的线性和呢?

从数学经验看，这样的一般表示好像不太可能：因为三角级数的系数只有"可数"个，而任意函数的值有"不可数"个，而且函数值在任何一点可以任意改动。在 18 世纪，Euler，d'Alembert，Lagrange 都认为这样的一般表示是不太可能的。

但是，从物理经验看，Daniel Bernoulli 用弦振动来说明这样的一般表示是可能的。

Jean Baptiste Joseph Fourier (公元 1768—1830) 在热传导的研究中遇到了同样的表示问题。他坚信这样的一般表示是可以的。[①]但是，Fourier 给出的论证被 Lagrange、Laplace、Legendre (著名的法国 3L) 认为在数学上是不够严密的。

事实上，Fourier 那个时代的数学技术，不足以对 Fourier 的结论给出一个完全严格的理解和证明。因为表述中的用词"任意""表示"的确切含义需要新的理解和严格定义。在现代分析学中，它们依赖于"Lebesgue 测度"

Jean Baptiste Joseph Fourier

"Lebesgue 积分""平方可积函数空间""平方平均收敛"等一些基本概念。现在，在实变函数论中，有下面定理：

定理 6.1 设 $f(x)$ 是 $[0, 2\pi]$ 上一个 Lebesgue 可测函数，Lebesgue 积分

$$\int_0^{2\pi} |f(x)|^2 \mathrm{d}x$$

有限，令

$$a_n = \frac{1}{\pi} \int_0^{2\pi} f(x) \cos nx \mathrm{d}x$$

$$b_n = \frac{1}{\pi} \int_0^{2\pi} f(x) \sin nx \mathrm{d}x$$

则

$$f(x) \overset{L^2}{=} \frac{a_0}{2} + a_1 \cos x + b_1 \sin x + \cdots + a_n \cos nx + b_n \sin nx + \cdots$$

此处 $\overset{L^2}{=}$ 的含义是：$f(x)$ 与右边的前 $2n+1$ 项和的差的平方在 $[0, 2\pi]$ 上 Lebesgue 积分趋向于 0，即

$$\lim_{n\to\infty} \int_0^{2\pi} \left| f(x) - \left(\frac{a_0}{2} + a_1 \cos x + b_1 \sin x + \cdots + a_n \cos nx + b_n \sin nx \right) \right|^2 = 0$$

---

① 参见 [31] 第 3 册第 59 页。

在数学上，这里突破性的概念是"$\overset{L^2}{=}$"，叫作"平方平均收敛"，也叫作 L^2 收敛。它不同于在 $[0, 2\pi]$ 上点点收敛。在泛函分析中，可以证明存在许多 $[0, 2\pi]$ 上的连续函数，它们的 Fourier 级数不是在 $[0, 2\pi]$ 上点点收敛的。

如果把 $\displaystyle\int_0^{2\pi} |f(x)|^2 \mathrm{d}x$ 理解为函数 $f(x)$ 的"能量"，那么"有限能量"的函数 $f(x)$ 在 $[0, 2\pi]$ 上的"不可数"个数值信息总是可以"表示"为"可数"个系数信息。这是一个数学奇迹。

如果 $f(x)$ 是复数值函数，那么它的实部和虚部的 Fourier 展开，可以通过 Euler 公式 $\cos nx + \mathrm{i}\sin nx = \mathrm{e}^{\mathrm{i}nx}$，合起来表示为

$$f(x) \overset{L^2}{=} c_0 + (c_1 \mathrm{e}^{\mathrm{i}x} + c_{-1}\mathrm{e}^{-\mathrm{i}x}) + \cdots + (c_n \mathrm{e}^{\mathrm{i}nx} + c_{-n}\mathrm{e}^{-\mathrm{i}nx}) + \cdots$$

Fourier 展开的第一个"秘密"是：当 $n \neq p$ 时，

$$\int_0^{2\pi} \mathrm{e}^{\mathrm{i}nx}\overline{\mathrm{e}^{\mathrm{i}px}}\mathrm{d}x = 0$$

这启发了如下定义：当 $f(x)$ 和 $g(x)$ 是 $[0, 2\pi]$ 上 Lebesgue 平方可积的复数值函数时，

$$\langle f, g \rangle = \int_0^{2\pi} f(x)\overline{g(x)}\mathrm{d}x$$

它类似于 n 维酉空间中 n 维复向量 $\boldsymbol{v} = (v_1, \cdots, v_n)$ 与 n 维复向量 $\boldsymbol{w} = (w_1, \cdots, w_n)$ 的复内积：

$$\langle \boldsymbol{v}, \boldsymbol{w} \rangle = v_1\overline{w_1} + \cdots v_n\overline{w_n}$$

这个"类似"使得思维从"数"的语言转到"形"的语言，从"数"的思维方式转到"形"的思维方式：

f 和 g 称为**正交**的，如果

$$\langle f, g \rangle = \int_0^{2\pi} f(x)\overline{g(x)}\mathrm{d}x = 0$$

f 的"长度"定义为

$$\| f \| = \sqrt{\int_0^{2\pi} |f(x)|^2 \mathrm{d}x}$$

f 和 g 的"距离"定义为

$$d(f, g) = \| f - g \|$$

这样，在 Fourier 展开的理论中，就引进了几何正交的思维方式：$\mathrm{e}^{\mathrm{i}nx}$ 和 $\mathrm{e}^{\mathrm{i}px} (n \neq p)$ 是正交的。把这个"几何正交"的思维方式公理化，就是"Hilbert 空间"的概念。

定义 6.2　如果 V 是一个复数域 C 上的线性空间，

$$\langle \cdot, \cdot \rangle : V \times V \to C$$

满足对任意 $f \in V, g \in V, h \in V, a \in C, b \in C$，有

(1) $\langle f, g \rangle = \overline{\langle g, f \rangle}$；

(2) $\langle af + bh, g \rangle = a\langle f, g \rangle + b\langle h, g \rangle$；

(3) $\langle f, f \rangle \geqslant 0$；

(4) $\langle f, f \rangle = 0$ 推出 $f = 0$；

(5) V 中每一个 Cauchy 序列都收敛于 V 中一个元素，

则 $(V, \langle \cdot, \cdot \rangle)$ 叫作 **Hilbert** 空间，$\langle \cdot, \cdot \rangle$ 叫作 **复内积**。

　　David Hilbert（公元 1862—1943）在 1904 年开始的有关线性积分方程的研究中，明确运用了几何正交的思维方式。[1]John von Neumann（公元 1903—1957）在 1929—1930 年正式提出上面的 Hilbert 空间公理体系。

David Hilbert

John von Neumann

　　Hilbert 空间的科学意义在于它为物质科学基础理论量子力学提供了恰当的数学语言，就如 Riemann 几何为时空科学基础理论广义相对论提供了恰当的数学语言。

第三节　Gauss 的承前启后

　　在几千年的数学发展过程中，17 世纪中的 Newton 与 Leibniz 创立的微积分是一个质变。在 18 世纪中，数学发展主要是量变过程。Euler 和他同时代的数学家

---

① 可参考 [31] 第 4 册第 143 页，第 149 页中"完备正交系"。同时代的一些其他数学家们也有贡献。

们把数学和数学的应用推进到广阔的领域。Carl Friedrich Gauss(公元 1777—1855)
继续了这个量变过程，并且把这个量变过程积累的数学知识部分系统化和严格化
为理论。Gauss 总结过去，又开创未来。Gauss 的数学理论中已经有了新思想的种
子。这些种子在 19 世纪中发芽、成长，通过 Abel, Galois, Riemann 等人的工作，
最终引发了数学的又一个质变。

Gauss 的显著数学工作有：

(一) 1796 年，Gauss 证明二次互反律。Gauss 后来又
给出另外 7 个证明。

注　二次互反律现在已经有 50 个以上的证明。

(二) 1796 年，Gauss 证明正 17 边形可以用直尺和圆
规在有限步内做出。

注　正 17 边形的顶点是方程

$$x^{17} - 1 = 0$$

Carl Friedrich Gauss

的所有复数根：

$$\mathrm{e}^{\frac{2\pi i}{17}k} = \left(\cos \frac{2\pi}{17} + i\sin \frac{2\pi}{17} \right)^k, \quad k = 0, 1, \cdots, 16$$

这个表达式中出现了超越函数 $\cos, \sin$ 和超越数 π。问题是：这个表达式能否等于
只出现有理数、四则运算、平方根的有限表达式。Gauss 证明了这样的表达式是存
在的，并且具体地写出

$$\cos \frac{2\pi}{17} = -\frac{1}{16} + \frac{1}{16}\sqrt{17} + \frac{1}{16}\sqrt{34 - 2\sqrt{17}}$$

$$+ \frac{1}{8}\sqrt{17 + 3\sqrt{17} - \sqrt{34 - 2\sqrt{17}} - 2\sqrt{34 + 2\sqrt{17}}}$$

$$\sin \frac{2\pi}{17} = \sqrt{1 - (\text{上式右边})^2}$$

在 1801 年，Gauss 证明了一般的定理：正 n 边形可以用直尺和圆规在有限步
内做出的充分条件是

$$n = 2^t p_1 \cdots p_s$$

其中，$p_1, \cdots p_s$ 是相互不同的奇素数并且可以表示为 $p_j = 2^{2^{h_j}} + 1$ 的形式，h_j 和 t
是非负整数。Pierre Laurent Wantzel (公元 1814—1848) 在 1837 年证明此条件也是
必要的。目前已知的 $2^{2^k} + 1$ 形式的素数 (Fermat 素数) 有 $3, 5, 17, 257, 65537$。

(三) 1797 年，Gauss 发现椭圆函数 $\mathrm{sl}(\theta)$ 的"双周期"现象。

$$x = \mathrm{sl}(\theta)$$

是下面积分定义的函数的反函数：

$$\theta = \int_0^x \frac{\mathrm{d}t}{\sqrt{1-t^4}}$$

Gauss 发现 $\mathrm{sl}(\theta)$ 有两个周期：2ω 和 $2\sqrt{-1}\omega$.

在 1799 年，Gauss 又发现 ω 和 π 的关系：

$$\frac{\pi}{\omega} = \lim_{n\to\infty} a_n$$

其中 a_n 由下面的序列构造：

$$a_1 = 1, \quad b_1 = \sqrt{2}, \quad a_{n+1} = \frac{a_n + b_n}{2}, \quad b_{n+1} = \sqrt{a_n b_n}$$

　　注　为什么取"反函数"？这可以从下面初等例子得到启示：

$$\alpha = \int_0^x \frac{\mathrm{d}t}{\sqrt{1-t^2}} = \arcsin x$$

它的反函数是

$$x = \sin\alpha$$

它有一个周期 2π。

　　(四) 1799 年，Gauss 证明了代数基本定理：任何复系数的一元 n 次多项式方程 $z^n + a_{n-1}z^{n-1} + \cdots + a_1 z + a_0 = 0$ 都有复数解。Gauss 后来又给出另外三个证明。

　　注　上面的表述等价于"每个复系数的一元 n 次多项式都恰好有 n 个复数根（重根记重数）"。如果把复数域缩小到实数域，那么一元 n 次多项式的实数根的个数有可能是 0。如果把复数域扩到四元数体（非交换的），那么一元 n 次多项式的四元数根的个数有可能是不可数个。例如：$x^2 + 1 = 0$ 实数根的个数是 0，$x^2 + 1 = 0$ 四元数根有不可数个。因此，从方程解的个数来看，复数域是最好的数域。复数域上的函数理论（复变函数论）揭示了二维空间中分析、几何、拓扑、代数等之间的许多深刻的联系。

　　(五) 1801 年，Gauss 的《算术研究》中有了系统性的有关"同余"的理论。

　　注　同余概念在中国古代有关同余方程组解法中已经出现，在近代欧洲 Euler、Lagrange、Legendre 的工作中也已经出现。Gauss 把同余概念推进到系统性的理论阶段，并且推广到多项式代数中。这为下一阶段的代数学中"理想"(ideal) 概念和理论打下了牢固的基础。

(六) 1801 年，Gauss 的《算术研究》中有了系统性的有关"复数中整数"的理论。

注　整数有几个基本性质：(A) 两个非零的整数乘积也是非零的；(B) 一个整数 n 总可以表示另一个整数 p 的倍数加一个余数 r，使得 $0 \leqslant r < |p|$；(C) 每个整数都可以唯一地分解为素数的乘积 (不记乘积顺序)。Gauss 发现：在比整数更大的数系

$$\{a + b\sqrt{-1}\,|\,a, b \text{ 都是整数}\}$$

中，类似于上面 (A)(B)(C) 的性质也成立。所以上面的数就叫作"复整数"，也叫作 Gauss 整数。Gauss 把整数中许多定理推广到了复整数上，从而推进到系统性的理论阶段。这为下一阶段的代数学重要发展：一般的 Euclid 整环、唯一分解整环的理论打下了牢固的基础。更进一步，把"分解"的概念和上面"理想"的概念结合起来，就可以把复整数环推广为一般的主理想整环、Dedekind 整环、Noether 环，等等。这些环，以及其上的各种模的研究，已经发展成为数论和代数学的一些重要分支。

(七) 1801 年，Gauss 的《算术研究》中有了系统性的有关"整二次型"的理论。

注　历史上，Fermat, Euler, Lagrange 在把 $4n + 1$ 形素数表示为两个平方整数之和，把正整数表示为四个平方整数之和的研究中，已经研究了整二次型的例子：

$$x^2 + y^2, \quad x^2 + y^2 + u^2 + v^2$$

Gauss 把整二次型例子研究推进到系统性的一般理论研究阶段。在那时还没有矩阵的语言，所以 Gauss 在《算术研究》中主要研究的是二元整二次型和三元整二次型

$$ax^2 + 2bxy + cy^2, \quad ax^2 + 2bxy + cy^2 + 2dxz + 2eyz + fz^2$$

在后来有了矩阵的语言之后，显然要建立的是一般 n 元整二次型 (integral quadratic form) 的理论：

$$\boldsymbol{X}\boldsymbol{A}\boldsymbol{X}^{\mathrm{T}} = \sum_{i=1, j=1}^{n} a_{ij} x_i x_j,$$

这里 $\boldsymbol{X} = [x_1, \cdots, x_n]$，$\boldsymbol{X}^{\mathrm{T}}$ 是 $\boldsymbol{X}$ 的转置，$\boldsymbol{A} = [a_{ij}]_{n \times n}$ 是对称的整数 n 阶方阵，即所有 $a_{ij} = a_{ji}$ 是整数。这里遵循 Gauss 习惯。

如果 $\boldsymbol{A}$ 的行列式是 ± 1，则整二次型 $\boldsymbol{X}\boldsymbol{A}\boldsymbol{X}^{\mathrm{T}}$ 叫**幺模**的 (unimodular).

如果 $\boldsymbol{A}$ 是正定方阵，则整二次型 $\boldsymbol{X}\boldsymbol{A}\boldsymbol{X}^{\mathrm{T}}$ 叫**正定**的。

如果 A 是负定方阵，则整二次型 XAX^T 叫**负定**的。

如果对于每个整数向量 X，XAX^T 都是偶数，则整二次型 XAX^T 叫**偶**的。如果它不是偶，就叫**奇**的。

如果 $X = YG$，G 是整数 n 阶方阵，并且 G 的行列式是 ± 1，则整二次型 XAX^T 和整二次型 $Y(GAG^T)Y^T$ 叫作等价的。

在大学线性代数课中知道：在复数域上，复二次型的等价类由矩阵 A 的秩决定；在实数域上，实二次型的等价类由矩阵 A 的秩和符号差来决定。在数论中已经知道：不正定的也不负定的幺模的整二次型的等价类由矩阵 A 的秩、符号差和奇偶性来决定。①

但到目前为止，正定的幺模的整二次型分类问题还没有完全解决。奇妙的是，这样一个数论问题与拓扑学中 4 维流形理论有着意想不到的联系：

在 1982 年，Michael Hartley Freedman 证明了一个定理②，和 Frank Quinn 的一个定理一起推出：每个幺模的整二次型的等价类都可以表示成 4 维拓扑流形的唯一一个同胚类。严格地说：对于每个偶的、幺模的整二次型 ω，都存在唯一一个单连通的、定向的、闭合的 4 维拓扑流形的定向同胚类 $M(\omega)$，使得 $M(\omega)$ 的相交型的二次型等价于 ω。对于每个非偶的、幺模的整二次型 ω，都存在唯一一个单连通的、定向的、闭合的 4 维拓扑流形的定向同胚类 $M(\omega)$，使得 $M(\omega)$ 的相交型的二次型等价于 ω 并且 $M(\omega) \times S^1$ 上有微分结构。此处 S^1 是单位圆周。

在 1983 年，Simon Kirwan Donaldson 证明了这样一个定理③，通俗地说：如果一个正定的、幺模的整二次型不等价于 $x_1^2 + \cdots + x_n^2$，那么它表示的四维拓扑流形上就没有"微分结构"。严格地说：如果一个单连通、定向的、闭合的四维拓扑流形有"微分结构"，并且它的相交型的二次型是正定的，则此相交型的二次型一定等价于 $x_1^2 + \cdots + x_n^2$。

在数论中已经知道：对于给定 n，不等价于 $x_1^2 + \cdots + x_n^2$ 的、正定的、幺模的整二次型等价类的个数 $g(n)$ 随 n 上升而非常快速上升。④$g(32) \geqslant 10^7$，$g(40) \geqslant 10^{51}$。那些不等价于 $x_1^2 + \cdots + x_n^2$ 的、正定的、幺模的整二次型所含的"数论信息"与它表示的四维拓扑流形所含的"拓扑信息"的联系是个诱人的谜。

这里的术语"拓扑流形"与"微分结构"的确切含义在后面会给出。

(八) 1809 年，Gauss 从天文观测数据推断出谷神星的椭圆轨道，计算出何时何处谷神星会再次出现，后来被天文观测所证实。其中，Gauss 发明了数理统计学中的"最小二乘法"。后来，Gauss 对最小二乘法中的随机误差进行了分析，并得

---

① 参见 [40] 第 25 页 (5.3)Theorem。
② 参见 [21] 第 368 页 Theorem 1.5。
③ 参见 [17] 第 280 页 Theorem 1。
④ 参见 [40] 第 28 页。

到了"正态分布"。

注　Adrien-Marie Legendre (公元 1752—1833) 在 1805 年也独立地发明了最小二乘法。最小二乘法是数理统计学中参数估计的基本方法之一。

Abraham de Moivre (公元 1667—1754) 已经在 1733 年就引进了正态分布。Gauss 是把正态分布与普遍的随机误差分析联系在一起，具有广泛的影响，因此，正态分布又叫 Gauss 分布。Pierre-Simon Laplace (公元 1749—1827) 认识到随机误差分析的严格基础应该是概率理论中的中心极限定理：当 n 趋向于正无穷大时，n 个独立同分布的随机变量之和的概率密度函数趋向于正态分布的密度函数

$$\frac{1}{\sqrt{2\pi}\sigma}e^{-\frac{(x-E)^2}{2\sigma^2}}$$

它的期望值是 E，方差是 σ^2。这个中心极限定理，以及它后来的推广，为随机误差分析等数理统计方法提供了严格基础。

(九) 1813 年，Gauss 独立地发现三元微积分中的散度定理。

注　Lagrange 在 1762 年已经用到三元微积分中的散度定理的特殊形式。Mikhail Vasilyevich Ostrogradsky (公元 1801—1862) 在 1826 年也独立发现这个定理并给出一般的证明。George Green (公元 1793—1841) 在 1828 年也独立发现这个定理。其他数学家也独立地用过这个定理某种形式。

在数学物理中，三元微积分中的散度定理有特别的意义。它推出经典电磁场的基本方程——Maxwell 方程组中两个方程：电位移的散度等于自由电荷体密度；磁场的散度等于 0. 它们在物理学里分别被叫作 Gauss 定律 (Gauss Law) 和 Gauss 磁定律 (Gauss Law for magnetism)。

在纯数学中，现在一般把二元微积分中的 Green 公式，三元微积分中的散度定理，三元微积分中的旋度定理，都看作一般的有边界定向紧致微分流形上 Stokes 定理的特殊情形：

$$\int_{\partial M}\omega=\int_M d\omega$$
$$\langle\omega,\partial M\rangle=\langle d\omega,M\rangle$$

其深刻含义是"整体"的"几何"边界算子 ∂ 与"局部"的"分析"微分算子 d 之间的"对偶"。这里 ω 是外微分形式，d 是作用在外微分形式上的外微分算子 (exterior derivative)，它是三元微积分中梯度、旋度、散度的形式统一与推广。

(十) 1799—1813 年，Gauss 确信 Euclid 第五公设不可能由 Euclid 第一、二、三、四公设一起在逻辑上推出。更进一步，Gauss 确信"过直线外一点有至少两条与之平行的直线"的公设，与 Euclid 第一、二、三、四公设一起，可以构成一个新的自洽的演绎逻辑体系。"非欧几何"确实是"数学存在"。

注 Gauss 没有正式发表出来，只见于 Gauss 和别的数学家的通信中。一般认为非欧几何的创立者有 Carl Friedrich Gauss, Nikolai Ivanovich Lobachevsky (公元 1792—1856)，John Bolyai (公元 1802—1860)。历史上也有其他数学家有独立贡献。

(十一) 1822 年，Gauss 得到从曲面局部到平面局部的"保角映射"。

注 从坐标系的角度看，此结果等价于说：曲面局部上都有一个坐标系使得曲面局部上"距离函数"的微分表达式最简单。具体含义如下：

给定一个二维光滑流形 M，给定其中一个点 p, 在点 p 的一个开邻域上给定一个光滑的"M 中距离"的函数。任取 p 的一个充分小的开邻域上的一个光滑坐标系 (x, y), 用此坐标系表达从 (x, y) 到 $(x + a, y + b)$ 的"M 中距离的平方"：

$$d((x, y), (x + a, y + b))^2 = E(x, y)a^2 + 2F(x, y)ab + G(x, y)b^2 + o(|a|^2 + |b|^2)$$

其中 a, b 充分小。$E(x, y)$, $F(x, y)$, $G(x, y)$ 是光滑函数。则在 p 的一个充分小的开邻域上，存在光滑变换 $u = u(x, y)$, $v = v(x, y)$ 使得它有光滑的反变换 $x = x(u, v)$, $y = y(u, v)$, 并且

$$d((x(u, v), y(u, v)), (x(u + s, v + t), y(u + s, v + t)))^2 = \lambda(u, v)(s^2 + t^2) + o(|s|^2 + |t|^2)$$

这样的坐标系 (u, v) 叫**等温坐标系**。它使得二维光滑流形的内在几何计算简化。它推出二维光滑流形总存在复结构，因此可以用复变函数的理论。

此处光滑指无穷次可微。在技术上，上面的光滑条件可以减弱到所有二阶偏导函数都连续的情形。

(十二) 1827 年，Gauss 在《关于曲面的一般研究》中包含了一个"美妙定理"(Theorema Egregium)：在三维欧氏空间中的光滑曲面上，在给定点处的最大法曲率与最小法曲率的乘积，只依赖于在此点任意小开邻域上的"曲面距离"函数。

注 曲面在给定点处的最大法曲率与最小法曲率的乘积叫**总曲率**。现在一般叫**Gauss 曲率**，以强调它可以用下面的内在定义，不需要先把此曲面放到三维欧氏空间中，不需要先定义"外在"的法曲率。用上面的语言和记号，令 $E = E(x, y)$, $F = E(x, y)$, $G = G(x, y)$, $EG - F^2 > 0$, $A = \sqrt{EG - F^2}$, 简记偏导数 $f_x = \dfrac{\partial f}{\partial x}$, $f_y = \dfrac{\partial f}{\partial y}$。则 Gauss 曲率的内在定义为

$$K = \frac{1}{2A}\left[\left(\frac{FE_y}{AE} - \frac{G_x}{A}\right)_x + \left(\frac{2F_x}{A} - \frac{E_y}{A} - \frac{FE_x}{AE}\right)_y\right]$$

用上面的等温坐标系 (u, v), 简记 $\lambda = \lambda(u, v)$, 则 Gauss 曲率的表达式简化为

$$K = -\frac{(\ln\lambda)_{uu} + (\ln\lambda)_{vv}}{2\lambda}$$

用等温坐标系 (u, v) 对应的极坐标系 (r, θ) 表达，上式变为

$$K = -\frac{r(r(\ln\lambda)_r)_r + (\ln\lambda)_{\theta\theta}}{2r^2\lambda}$$

例 半径为 R 的二维球面 $S^2(R)$ 的 Gauss 曲率有两个计算办法：

Euler 的"外在"计算：把 $S^2(R)$ 看作三维欧氏空间中的曲面，则它在每处的最大法曲率与最小法曲率都是 $\dfrac{1}{R}$，因此

$$K = \frac{1}{R^2}$$

Gauss 的"内在"计算：用北极球极投影把 $S^2(R) - \{(0, 0, R)\}$ 投影到 (x, y) 的平面上。以 (x, y) 作为 $S^2(R) - \{(0, 0, R)\}$ 上的坐标系，它是等温坐标系。用此坐标系表达从 (x, y) 到 $(x + a, y + b)$ 的"球面距离的平方"：

$$d((x, y), (x + a, y + b))^2 = \frac{1}{\left(1 + \dfrac{r^2}{4R^2}\right)^2}(a^2 + b^2) + o(|a|^2 + |b|^2)$$

因此

$$\lambda = \frac{1}{\left(1 + \dfrac{r^2}{4R^2}\right)^2}$$

$$\ln\lambda = -2\ln\left(1 + \frac{r^2}{4R^2}\right)$$

$$K = -\frac{(r(\ln\lambda)_r)_r}{2r\lambda} = \frac{1}{R^2}$$

Euler 的"外在"计算与 Gauss 的"内在"计算结果相等。

(十三) 1827 年，Gauss 在《关于曲面的一般研究》中包含了一个"最美妙定理"：在光滑曲面上，

$$\text{测地线段构成的三角形} \triangle \text{ 的内角和} = \pi + \int_{\triangle} K \mathrm{d}\sigma$$

注 如果曲面上一条从点 p 到点 q 的光滑曲线段的长度，是所有从 p 到 q 的光滑曲线段的长度中最小的，那么此曲线段叫**最短线段**。如果曲面上一条从点 p 到点 q 的光滑曲线段是由有限个最短线段连接而成，那么此曲线段叫**测地线段**。通俗地说，测地线段是局部最短的光滑曲线段。

Gauss 的"美妙定理"和"最美妙定理"一起蕴含了一些非常深刻的推论。

(1) 内在几何。

三维欧氏空间中的"曲面上距离"函数的微分形式

$$ds^2 = E(x,y)dx^2 + 2F(x,y)dxdy + G(x,y)dy^2$$

中的 $E(x,y)$, $F(x,y)$, $G(x,y)$ 确定了曲面上最短线段、测地线段、角、测地三角形、测地多边形、面积,等等。因此 $E(x,y)$, $F(x,y)$, $G(x,y)$ 确定了一种几何,叫"内在几何"。

(2) 非欧几何。

Gauss "美妙定理"说 $E(x,y)$, $F(x,y)$, $G(x,y)$ 确定了 Gauss 曲率 K;Gauss "最美妙定理"接着说测地三角形的内角和"一般地"不是 π。因此 $E(x,y)$, $F(x,y)$, $G(x,y)$ 确定的内在几何一般地是非欧几何。因此,非欧几何不仅是存在的,而且有"无穷多种"。

(3) 内在空间。

如果把三维欧氏空间"拿掉",只看二维"内在空间",那么 $E(x,y)$, $F(x,y)$, $G(x,y)$ 就不需要从三维欧氏空间的欧氏距离诱导出,而是可以事先"任意"给定的,只要满足 $EG - F^2 > 0$ 即可。

(4) 物质空间。

这个二维空间的认识也可以放在三维空间上。即可以事先任意给定

$$ds^2 = E(x,y,z)dx^2 + 2F(x,y,z)dxdy + G(x,y,z)dy^2 + 2H(x,y,z)dxdz$$
$$+ 2I(x,y,z)dydz + J(x,y,z)dz^2$$

只要它是正定的即可。这样,三维空间也有无穷多种非欧几何。那么凭什么先验地认为现实三维空间的几何是欧氏几何呢?可参考 [31] 第 3 册第 297 页第三段中一句话:"Gauss 已经认识到 Euclid 几何并非必然是物质空间的几何"。

(5) Riemann 几何:从经典数学到现代数学第一层飞跃。

这个二维空间的认识也可以放在 n 维空间上,即可以事先任意给定

$$ds^2 = \sum_{i=1,j=1}^{n} g_{ij}(x_1,\cdots,x_n)dx_i dx_j$$

只要它是正定的并且所有 $g_{ij} = g_{ji}$ 即可。这个飞跃是由 Riemann 在《关于几何基础的假设》(1854) 中正式做出的。[①] 这样,n 维空间也有无穷多种非欧的内在几何,现在叫作 Riemann 几何。

(6) 流形:从现代数学第一层到第二层飞跃。

[①] 参见 [56] 第 35 页中有关 ds^2 的文字。

把上面 n 维空间上坐标 $(x_1, \cdots, x_n)$ 与另一个 n 维空间上坐标 $(y_1, \cdots, y_n)$ 相连接。这样就引向"流形"(manifold) 的概念。这个思想蕴含在 Riemann 的《关于几何基础的假设》(1854) 中。[①]

(7) 拓扑空间：从现代数学第二层到第三层飞跃。

把上面坐标"拿掉"，只看邻域。这样就引向"拓扑空间"(topological space) 的概念。这个概念在数学史上有多个起源。除了 Riemann 的流形概念之外，还有函数空间概念、Cantor 集合论，等等。

拓扑空间的逻辑定义比较抽象。非数学专业的学生一开始可能不大适应。那么，现代数学语言为什么要这样抽象呢？真：现代数学语言要求逻辑最严密；善：现代数学语言要求包含最广泛的数学对象；美：现代数学语言要求表达最简洁。在学习现代数学语言时，可以多找一些经典数学中的例子，从数学史中了解从经典语言到现代语言的过渡过程，体会到现代语言中所蕴含的思想，就比较容易地体会并欣赏现代数学语言的真善美。

拓扑空间的一般定义没有用到任何"具体数"的概念，也没有用到任何"具体形"的概念，它是人类在空间概念上达到的一个新境界。在现代数学语言的逻辑次序中，一般把集合语言作为起点。

定义 6.3 一个集合 M 上一个**拓扑** (topology) 指的是一个集合 T 满足：T 中每个元是 M 的子集；空集在 T 中；M 在 T 中；T 中任意个任意元的并也在 T 中；T 中任意两个元的交也在 T 中。

定义 6.4 一个**拓扑空间** (topological space) 指的是 (M, T)，其中 M 是一个集合，T 是 M 上一个拓扑。M 中元叫**点**。T 中的元叫作**开集**。点 p 的一个**开邻域**指的是包含 p 的一个开集。

定义 6.5 设 (M, T) 是一个拓扑空间，A 是 M 的子集，则集合 $\{U \cap A | U \in T\}$ 是 A 上的一个拓扑，叫作**子空间拓扑**。A 带上此拓扑叫作 M 的**子空间** (subspace)。

定义 6.6 拓扑空间 (M, T) 叫作 **Hausdorff 的**，如果任取 M 中不同的两点 a 和 b，都存在 $A \in T$，存在 $B \in T$ 使得 $a \in A, b \in B, A$ 不交 B．

在现代数学语言中，一般在定义一类数学对象的同时，也定义这类数学对象之间的最基本的关系。这个现代数学思想叫作**范畴** (category)。拓扑空间之间的最基本的关系是"连续映射"，可定义如下：

定义 6.7 从拓扑空间 (M, T) 到拓扑空间 (M_2, T_2) 一个映射 $f : M \to M_2$ 叫作**连续的**(continuous)，如果任取 $V_2 \in T_2$，都有 $f^{-1}(V_2) \in T$，这里 $f^{-1}(V_2) = \{x \in M | f(x) \in V_2\}$ 叫作 V_2 的 f **原像**。

定义 6.8 从拓扑空间 (M, T) 到拓扑空间 (M_2, T_2) 的一个映射 $f : M \to M_2$

---

① 参见 [56] 第 32 页和第 43 页。

叫作**同胚**(homeomorphism)，如果 f 是单的、满的、连续的，并且 f 的逆映射也是连续的。

定义 6.9　拓扑空间 (M,T) 与拓扑空间 (M_2,T_2) 叫作**同胚的**(homeomorphic)，如果存在一个从 (M,T) 到 (M_2,T_2) 的同胚。

(8) 范畴：从现代数学第三层到第四层飞跃。

把数学中某一个分支的基本对象变为"范畴"。研究一个范畴到另一个范畴的"函子"，以及由它们构成的模空间，以及这个模空间的上同调、同伦型、几何学。

"范畴"思想的一个根据在于：数学中不同分支之间隐藏着一些深刻的联系。有些联系，用范畴的语言，可以简洁地表达为从一个范畴到另一个范畴的函子 (functor)。例如，每一个拓扑空间背后都隐藏着一种"对称"，叫作**上同调群**。它是拓扑学与代数学之间的一种深刻的联系，是"形"和"数"一种深层的统一。用范畴语言说，上同调就是从拓扑空间范畴到群范畴的一个函子。

范畴语言还能启发出数学中不同分支之间的更加隐秘的联系。例如，从拓扑空间范畴到群范畴的函子，除了上同调群之外，还有没有别的类似的"兄弟函子"呢？有，并且还有许多种，现在一般叫作**广义上同调**，包括 K- 理论、复配边理论 (complex cobordism)、拓扑谱理论 (spectrum)，等等。这些广义上同调理论结合起来的威力要超过单一的通常上同调。

拓扑空间例子中一个重要现象是：有的空间在局部是同胚的，但整体却不同胚。例如：单位圆中每点有个小邻域，与直线中每点有个小邻域是同胚的，但单位圆整体与直线整体却不是同胚的。又例如：球面中每点有个小邻域，与环面中每点有个小邻域是同胚的，但球面整体与环面整体却不是同胚的。

"流形"概念的实质就是把这种"局部–整体"的关系在逻辑上公理化。

标准的实 n 维线性空间定义为

$$\mathbf{R}^n = \{(x_1,\cdots,x_n)|x_1,\cdots,x_n 是实数\}$$

$\mathbf{R}^n$ 取标准拓扑：$\mathbf{R}^n$ 的非空子集 V 是开集的充分必要条件是任取 $a \in V$，存在正实数 r 使得 $x \in \mathbf{R}^n$ 与 $|x-a| < r$ 推出 $x \in V$。此处 $|(x_1,\cdots,x_n)| = \sqrt{x_1^2 + \cdots + x_n^2}$。

定义 6.10　拓扑空间 (M,T) 称为 n 维**拓扑流形** (topological manifold)，如果 M 中每个点都有一个开邻域与 $\mathbf{R}^n$ 中某个开集同胚，并且 (M,T) 是 Hausdorff 的。

通常此定义中加 C_2 条件。可参考 [24] 第 33 页第 2 段与第 11 页。此定义可推广到带有边界的流形。用同调可以定义可定向拓扑流形。

定义 6.11　n 维**拓扑流形** (M,T) 上的一个**微分结构**(differentiable structure)指的是一个集 S 满足：

(1) S 中每一元是 (U,f)，其中 U 是 M 中的一个非空开集，f 是从子空间 U 到 $\mathbf{R}^n$ 中的一个开集的一个同胚。(U,f) 称为 S 中的一个坐标卡，U 称为坐标卡

(U, f) 的定义域。

(2) S 中所有坐标卡的定义域的并集等于 M。

(3) 如果 S 中一个坐标卡 (U, f) 的定义域 U 与另一个坐标卡 (V, g) 的定义域 V 的交非空, 则从 f 到 g 的转换函数

$$g \circ f^{-1} : f(U \cap V) \to g(U \cap V)$$

有任意阶的连续的偏导函数 (包括混合偏导函数)。

(4) S 是极大的, 即: 如果 $S \subset S_2$ 而且 S_2 也满足上面的 $(1)(2)(3)$, 则 $S = S_2$。

定义 6.11 中条件 (3) 在逻辑上已经包含了把 U 与 V 对调推出从 g 到 f 的转换函数

$$f \circ g^{-1} : g(U \cap V) \to f(U \cap V)$$

有任意阶的连续的偏导函数。在有的文献中, 微分结构只要求 $g \circ f^{-1}$ 在每点有一阶的连续的偏导函数。微分拓扑学中一个重要定理说它们是可以相互"转化"的。[①]

定义 6.12　n 维**微分流形**(differentiable manifold) 指的是 (M, T, S), 其中 M 是一个集合, T 是 M 上的一个拓扑, (M, T) 是一个 n 维拓扑流形, S 是 (M, T) 上的一个微分结构。在不引起误解时, T 与 S 可省略。

定义 6.13　从微分流形 (M, T, S) 到微分流形 (M_2, T_2, S_2) 的一个映射 $F : M \to M_2$ 称为**光滑的**(smooth), 如果存在 S 中一些坐标卡 $\{(U_j, f_j) | j \in J\}$, 存在 S_2 中一些坐标卡 $\{(V_j, g_j) | j \in J\}$, J 是同一个指标集, 使得

(1) 所有 $U_j, j \in J$ 的并集等于 M;

(2) 对于每个 $j \in J$, 有 $F(U_j) \subset V_j$;

(3) 对于每个 $j \in J$, 函数 $g_j \circ F \circ f_j^{-1} : f_j(U_j) \to g_j(V_j)$ 有任意阶的连续的偏导函数 (包括混合偏导函数)。

定义 6.14　从微分流形 (M, T, S) 到微分流形 (M_2, T_2, S_2) 的一个映射 $F : M \to M_2$ 称为**微分同胚** (diffeomorphism), 如果 F 是单的、满的、光滑的, 并且 F 的逆映射也是光滑的。

定义 6.15　微分流形 (M, T, S) 与微分流形 (M_2, T_2, S_2) 称为**微分同胚的** (diffeomorphic), 如果存在一个从 (M, T, S) 到 (M_2, T_2, S_2) 的微分同胚。

定义 6.16　n 维拓扑流形 (M, T) 上的一个**微分结构类** (differentiable structure class) 指的是一个集合 C 满足:

(1) C 中每个元是 (M, T) 上的一个微分结构;

(2) C 中任何两个元是微分同胚的。

---

① 参见 [24] 第 52 页中的 Theorem。

在有了一些抽象的定义之后, 就可以用新的思维看经典几何体

n 维 "同胚球面" 上有多少 "微分结构类"?

我们在第十章中会讲到。

第四节　Cauchy 的经典分析

Gauss 给出了代数基本定理多个证明, 注意到了有些复变函数的积分值与积分路径无关的现象。但是, 对于复变函数出现的独特现象, Gauss 似乎没有试图去做系统的、深入的理论研究。Gauss 说 "$\sqrt{-1}$ 的真正奥妙是难以捉摸的"。

在数学中, 揭示 $\sqrt{-1}$ 奥妙的是 Augustin-Louis Cauchy (公元 1789—1857)。他系统性地建立了复变函数的基础理论。(在物理学中, $\sqrt{-1}$ 的奥妙显示在量子力学和电磁场的规范理论中。) Cauchy 是经典分析基础理论的集大成者。在微分方程方面, Cauchy 开创了理论研究新方向。

Augustin-Louis Cauchy

Cauchy 的显著数学工作有:

(一) 1814—1825 年, Cauchy 得到了有关复解析函数的 Cauchy 积分定理。

注　它是复变函数论中的最基本定理, 是复解析函数与一般实函数的重要区别。

Cauchy 叙说的 "原始" 形式是: 如果一个矩形上的一个复变量复值函数在每一点处复导数存在而且连续, 则此函数在此矩形内的道路积分的值只与道路的两个端点有关。

Edouard Goursat (公元 1858—1936) 在 1900 年把其中 "复导数存在而且连续" 变为 "复导数存在"。这是现在一般教科书中的形式。事实上, 开集上复变量复值函数在每一点处 "复导数存在" 在逻辑上就能推出它的所有阶复导数函数都存在并且连续。这反映了复导数概念与一般实函数的实导数概念的一个本质区别。

Cauchy 积分定理推出 Cauchy 积分公式。它的一个简单形式是: 对于 $|z-a| < R$ 上的解析函数 $f(z)$, 设 $0 < r < R$, 则有 Cauchy 公式

$$f^{(n)}(z) = \frac{n!}{2\pi i} \int\limits_{|w-a|=r} \frac{f(w)}{(w-z)^{n+1}} \mathrm{d}w$$

这个定理的美妙之处在于：当 r 很大时，点 a 处 f 的值以及它的所有导数的值由"很远"处 $|w-a|=r$ 上的 f 的值确定。

(二) 1820 年，Cauchy 得到了有关一阶常微分方程初值问题的解的"存在唯一性"的一个定理。

注　Cauchy 的原始形式是：如果在一个矩形中，二元函数 $f(x,y)$ 以及对于 y 偏导函数 $f_y(x,y)$ 是连续的，则一阶常微分方程

$$\frac{\mathrm{d}y}{\mathrm{d}x}=f(x,y)$$

的在此矩形内的初值问题都有唯一的局部解。

Rudolf Otto Sigismund Lipschitz (公元 1832—1903) 在 1876 年把这个定理的条件降为 Lipschitz 条件。后来，Lipschitz 函数类变为连续函数类与连续可微函数类之间的一类重要函数类。

Cauchy 的这个"存在唯一性"定理开启了一般微分方程初值问题的理论性研究：存在性、唯一性、稳定性、解析性、奇点，等等。Cauchy 在有关高阶线性常微分方程和偏微分方程组初值问题的"解析性"方面也做出了开创性的工作。

(三) 1821—1823 年，Cauchy "文字式"地明确定义了微积分学中基本概念：变量、函数、极限、无穷小量、连续、导数、连续函数的定积分、级数的收敛性，等等。明确表述并证明了连续函数的微积分学基本定理，明确表述了一般无穷级数收敛的 Cauchy 判别准则。

注　Cauchy (以及他同时代其他一些数学家) 在这方面的工作是分析学基础"严格化"运动的开始。后来，逻辑推理的严格标准不断地提高，需要对极限的"存在性"做保证，因而需要构造出实数的数学存在性。

一开始，在有理数的基础上构造实数。在这方面，K. Weierstrass 在 1859 年，C. Méray 在 1869 年，E. Heine 在 1872 年，R. Dedekind 在 1872 年，G. Cantor 在 1883 年都独立地提出他们的实数理论。现在教科书中一般有两种方式。第一种方式是把实数定义为有理数"Cauchy 序列"的等价类。这是 Cantor 的方式。可以推广到一般度量空间的完备化。第二种方式是把实数定义为有理数的"Dedekind 分割"。这是 Dedekind 的方式。

从逻辑上说，在有理数的基础上构造实数，需要有理数的定义。有理数的定义需要整数的定义。整数的定义需要自然数的定义。自然数的定义归结为一个集合满足 Peano 公理。

Georg Cantor　　　　　　　　　　　　　　Kurt Gödel

Georg Ferdinand Ludwig Philipp Cantor (公元 1845—1918) 在 19 世纪 70 年代提出的集合的概念，现在在通常数学概念的定义中，常作为起点。例如群的定义，拓扑空间的定义。但是，作为整个数学的逻辑基础，它本身也需要公理化。目前一般把"ZFC 公理体系"当作标准的集合公理体系。它是 Zermelo-Fraenkel 公理体系加上选择公理 (axiom of choice)。对于 Zermelo-Fraenkel 公理体系、选择公理等的研究已发展成数理逻辑中一个分支，叫作**公理集合论**。到目前为止，在 ZFC 公理体系中还没有发现任何矛盾。

Hilbert 在 1899 年采用另一个方式，没有事先用有理数概念，而是直接构造一个实数公理体系。到目前为止，在 Hilbert 实数公理体系中还没有发现任何矛盾。

Hilbert 在《几何基础》中构造了一个形式化了的 Euclid 几何公理体系。Hilbert 证明了如果实数公理体系是自洽的，则 Euclid 几何公理体系也是自洽的。

这样，数学四种基本思维方式"数""形""逻辑""自然理性"在数学史上第一次实现了完全统一，为 20 世纪数学的全面发展奠定了牢固的基础。

Hilbert 在 1904 年提出"数学公理体系存在"的第一原则是"自洽性"。在文献中，自洽性又叫无矛盾性、相容性、一致性。为了证明公理体系的自洽性，Hilbert 提出"元数学"计划 (Metamathematics)。

Hilbert 提出的元数学计划导致了 Kurt Friedrich Gödel (公元 1906—1978) 在 1931 年发现了形式系统不完全性定理，进而引发了 Alan Mathison Turing (公元 1912—1954) 确切地定义"可计算"概念，建立了图灵机模型，开创了理论计算机科学。

(四) Cauchy 证明了复平面上有界解析函数是常数。

注　这个定理可以叙说为球面上的解析函数必为常数。从这个角度，这个定理可以推广为 Riemann 面上的 Riemann-Roch 定理。在现在教科书中，这个定理通常叫作 Liouville 定理。这是由于在 1847 年，C.W.Borchardt 在 Liouville 一个讲座中听到的。[①]

（五）1844—1846 年，Cauchy 系统总结和发展了前人在"置换群"方面的结果。Cauchy 证明了：对于有限置换群 G，如果 p 是素数并且是 G 的阶的因子，则 G 有 p 阶子群。

注　置换是在离散数学中常用的变换。置换定义为有限集合 $\{1,2,\cdots,n\}$ 到它自身的一一对应映射。两个置换可以"复合"。每个置换有"逆置换"。在后面章节中会给出更加明确的定义。

如果一些置换构成的集合 G 满足：(1) $a\in G$ 并且 $b\in G$ 推出 a 复合 $b\in G$；(2) $a\in G$ 推出 a 的逆 $\in G$，则 G 称为**置换群**。置换群 G 中元素的个数叫作 G 的**阶**。如果置换群 G 的一个子集 H 也是置换群，则 H 称为 G 的**子群**。

子群的阶一般不是任意的：子群 H 的阶一定是 G 的阶的一个因子。反过来，是不是 G 的阶的任何因子都是 G 的某个子群的阶呢？试一试例子就知道这是不一定的。例如，$\{1,2,3,4\}$ 的所有偶置换构成的 12 阶群 A_4 就没有 6 阶子群。注意这里 6 不是素数。Cauchy 证明了：如果 p 是素数，并且是置换群 G 的阶的因子，则 G 一定有 p 阶子群。

Peter Ludwig Mejdell Sylow (公元 1832—1918) 在 1872 年推广这个 Cauchy 定理为 Sylow I 定理：如果 p 是素数，k 是正整数，p^k 是有限群 G 的阶的因子，则 G 一定有 p^k 阶子群。Sylow 还得到了更加细致的 Sylow II 定理。它们成为有限群理论的奠基性定理。

第五节　二维拓扑

在二维拓扑学中，有一个美妙的拓扑结构。取一个长方形的纸条，把左边扭转 180°，然后与右边按反方向粘贴起来，这样就得到一个带边的曲面。它有一个特别的性质：只有一个侧面，叫作"单侧的"(one-sided)。这个单侧曲面是由 August Ferdinand Möbius(公元 1790—1868) 在 1858 年描写出的。现在，在拓扑学中，任何与这个单侧曲面同胚的拓扑空间都叫作 Möbius 带 (Möbius band，Möbius strip)。

在数学史上，Gauss 的一位学生 Johann Benedict Listing (公元 1808—1882) 也在 1858 年独立发表了这个单侧曲面的图形。

在拓扑学中，二维流形的"同胚分类"问题是一个基本问题。其结果可以应用于代数学中二元多项式的研究，也可应用于分析学中二个实变量的函数研究，包括

---

① 参见 [31] 第 3 册第 50 页的脚注。

一个复变量 (相当于两个实变量) 的复变函数研究。特别在多值函数研究中，二维流形的"同胚分类"起了关键的作用。这在后面的章节中会提到。

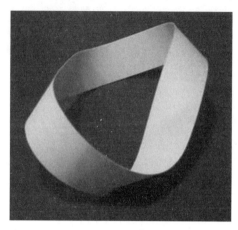

Möbius 带

在二维流形的"同胚分类"问题中，首先要考虑的是二维可定向紧致拓扑流形的"同胚分类"。二维可定向紧致拓扑流形有两个"在同胚变换下的不变量"：亏格、边界连通分支的个数。它们是"完全的"同胚不变量集，叙述为下面的定理：

定理 6.17   两个二维可定向紧致道路连通拓扑流形是同胚的充分必要条件是它们的亏格相等并且它们的边界连通分支的个数相等。二维可定向紧致道路连通拓扑流形的亏格和边界连通分支的个数可以是任意给定的两个非负整数。

Möbius 在 1863 年知道了这个定理。Marie Ennemond Camille Jordan (公元 1838—1922) 在 1866 年也独立地知道了这个定理。Riemann 在 1857 年已经知道这个定理中的主要想法。[①]

当然，他们的术语和推理需要按现代数学定义来严格化，因为他们那个时代的数学还没有建立严格的"流形"的定义，也没有明确意识到"拓扑流形""可三角剖分流形""PL 流形""微分流形""同胚""微分同胚"的微妙的、深刻的区别。

当定理 6.17 中的二维拓扑流形是可三角剖分时，它的严格证明由 Max Wilhelm Dehn (公元 1878—1952) 和 Poul Heegaard (公元 1871—1948) 在 1907 年给出。[②]

那么，拓扑流形是否一定可以三角剖分呢？在四维以及四维以上是不一定的。但在一维、二维和三维是一定的。

Tibor Radó (公元 1895—1965) 在 1925 年证明了：任何一个二维拓扑流形一定可三角剖分 [16][46][55]。

---

① 参见 [24] 第 188 页。
② 参见 [64] 第 69 页。

第六节　高维乘积

在四维实线性空间中，有一个美妙的乘法。它的构造如下：

$$H = \{a + bi + cj + dk \,|\, a, b, c, d\text{是实数}\}$$

H 中"相等"关系的定义为

$$a + bi + cj + dk = a_1 + b_1 i + c_1 j + d_1 k$$

的充要条件是：实数 $a = a_1, b = b_1, c = c_1, d = d_1$，其中 a_1, b_1, c_1, d_1 是实数。H 中"加法"定义为

$$(a + bi + cj + dk) + (a_1 + b_1 i + c_1 j + d_1 k) = (a + a_1) + (b + b_1)i + (c + c_1)j + (d + d_1)k$$

H 作为实数域上的线性空间，它的"数乘"定义为

$$r(a + bi + cj + dk) = (ra) + (rb)i + (rc)j + (rd)k$$

其中 r 是实数。H 作为实数域上的代数，它的"乘法"定义为满足"结合律""分配律"，并且满足

$$i^2 = j^2 = k^2 = -1 = ijk$$

要特别注意的是实数与所有四元数的相乘是交换的。但四元数与四元数的相乘不一定交换，例如：$ij = k \neq -k = ji$.

这个"乘法"是由 William Rowan Hamilton (公元 1805—1865) 在 1843 年 10 月 16 日发现的。带有上面"乘法"的四维实线性空间 H 叫作四元数代数 (quaternion).

(一) 首要问题是：四元数公理体系是不是一个"数学存在"？即是不是自洽的？

在四元数公理体系中，二次方程 $x^2 = -1$ 有无穷个解：任取满足等式 $b^2 + c^2 + d^2 = 1$ 的实数 b, c, d，都有 $(bi + cj + dk)^2 = -1$。这个观察，与从复数形成的习惯思维 $x^2 = -1$ 恰有两个解很不一样。因此，四元数公理体系是不是一个"数学存在"需要仔细考察。

(二) 确定四元数公理体系是一个"数学存在"的思路和 Gauss 确定复数是"数学存在"是类似的。

如果把四元数 $a + bi + cj + dk$ 解释为复数矩阵

$$\begin{bmatrix} a + b\sqrt{-1} & c + d\sqrt{-1} \\ -c + d\sqrt{-1} & a - b\sqrt{-1} \end{bmatrix}$$

那么，四元数公理体系中的所有公理都得到满足。上面矩阵中的 $\sqrt{-1}$ 指的是复数中 $x^2 = -1$ 的两个解中选定一个。因此，"复数公理体系是自洽的" 推出 "四元数公理体系也是自洽的"。这样，就有如下定理：

定理 6.18 如果实数公理体系是自洽的，则四元数公理体系也是自洽的。

(三) 在四元数代数出现之后，自然地试图在其他维数构造类似的 "代数" 结构。

为了含义明确，需要给出 "代数" 的一个严格定义。

定义 6.19 实数域上的**代数**指的是实数域上的线性空间 V 带上一个 "实双线性"（real bilinear）的映射 $m : V \times V \to V$。如果 $m(x, y) = 0$ 推出 $x = 0$ 或 $y = 0$，则 V 称为**没有零因子**的。在运算中，$m(x, y)$ 常简记为 xy，叫作**乘法**。

"实双线性" 推出左右分配律，以及 $r(xy) = (rx)y = x(ry)$ 对于任何实数 r 与 $x \in V, y \in V$ 都成立。

用线性代数中定理，可以证明：实数域上的有限维代数 V 是 "没有零因子" 的在逻辑上等价于 V 是 "可除" 的，即任取 $a \in V$ 与 $b \in V$，如果 $a \neq 0$ 则方程 $xa = b$ 和 $ax = b$ 在 V 中都存在解。

上面定义的代数不一定 "有乘法单位元"、不一定满足 "交换律"、不一定满足 "结合律"。

没有乘法单位元的代数例子：在复数集合上定义一个新的乘法：

$$(x + yi) \circ (a + bi) = (xa - yb) - (xb + ya)i$$

复数集合，按此新乘法和通常的加法与数乘，就是一个新的实数域上可除代数，记为 $\hat{C}$。$\hat{C}$ 与通常的复数代数 C 是 "不同构" 的，因为 $\hat{C}$ 中没有乘法单位元。

不满足 "交换律" 的代数例子：上面的四元数代数 H。

不满足 "结合律" 的代数例子：八元数代数 O（octonion），它由 John Thomas Graves（公元 1806—1870）在 1843 年和 Arthur Cayley（公元 1821—1895）在 1845 年各自独立地发现。它的一个定义如下：

$$O = \{(h_1, h_2) | h_1, h_2 \text{是四元数}\}$$

O 中加法定义为

$$(h_1, h_2) + (k_1, k_2) = (h_1 + k_1, h_2 + k_2)$$

其中 k_1, k_2 是四元数。O 作为实数域上的线性空间，它的数乘定义为

$$r(h_1, h_2) = (rh_1, rh_2)$$

其中 r 是实数。O 作为实数域上的代数，它的乘法定义为

$$(h_1, h_2)(k_1, k_2) = (h_1 k_1 - \bar{k_2} h_2, k_2 h_1 + h_2 \bar{k_1})$$

其中一般四元数 $h = a + bi + cj + dk$ 的"共轭"定义为 $\bar{h} = a - bi - cj - dk$，其中 a, b, c, d 是实数。

那么，在实数域上的 n 维线性空间上，能否构造出"没有零因子"的代数结构呢？答案是：只能在 $1, 2, 4, 8$ 维。

定理 6.20 实数域上的有限维的、没有零因子的代数的维数 n 只能是 $1, 2, 4, 8$ 之一。

注意在这个定理的结论中，只是说"维数"只有四个，并不是说"结构"只有四个。实数，复数，四元数，八元数确实分别是实数域上的 $1, 2, 4, 8$ 维"没有零因子"的代数。但还有别的实数域上的 $2, 4, 8$ 维可除代数。例如上面构造的 $\hat{C}$ 就是与通常的复数代数 C 不同构的、2 维的、没有零因子的代数。

惊奇的是，上面的代数定理是下面的"拓扑"定理的推论。这再一次显示数学中两个基本思维方式"数"与"形"之间难以捉摸的隐秘联系。

定理 6.21 如果 k 维标准微分球面 S^k $(k \geqslant 1)$ 上存在 k 个连续的切向量场 $v_1(x), \cdots, v_k(x)$，$x \in S^k$ 满足：在每点 $x \in S^k$ 处，$v_1(x), \cdots, v_k(x)$ 都是实线性独立的，则 k 只能是 $1, 3, 7$ 之一。

这个定理是一个非常深刻的拓扑定理，吸引了 20 世纪一些杰出的拓扑学家给出了多个证明：

第一个证明出现在 J. Milnor 的 1958 年文献 [38] 中第 445 页 Corollary 1 中；

第二个证明出现在 M. Kervaire 的 1958 年文献 [27] 中第 2 段 Theorem 中；

第三个证明出现在 A. Borel 和 F. Hirzebruch 的 1959 年文献 [9] 第 356 页第 3 段中；

第四个证明出现在 J. Adams 的 1960 年文献 [1] 第 21 页推理图表和第 20 页 Theorem 1.1.1 中；

第五个证明出现在 M. Atiyah 和 F. Hirzebruch 的 1961 年文献 [4] 第 223 页 Theorem 1 中。

其中，J. Adams 的证明给出的结论更加广泛，表述如下：

定理 6.22 如果 k 维"同伦"微分球面 Σ^k $(k \geqslant 1)$ 上存在 k 个连续的切向量场 $v_1(x), \cdots, v_k(x)$，$x \in \Sigma^k$ 满足：在每点 $x \in \Sigma^k$ 处，$v_1(x), \cdots, v_k(x)$ 都是实线性独立的，则 k 只能是 $1, 3, 7$ 之一。

同伦微分球面比标准微分球面更广泛。我们在后面章节中会讲到。John Frank Adams (公元 1930—1989) 在 1962 年把上面定理推广为下面一个"完美的"的定理 [2]。

定理 6.23 k 维同伦微分球面 Σ^k $(k \geqslant 1)$ 上存在的连续的、处处实线性独

的切向量场的最大个数是 $\rho(k+1)-1$, 计算方法如下: 把 $k+1$ 唯一表示为

$$k+1 = a2^{b+4c}$$

其中 a 是正奇数, $0 \leqslant b \leqslant 3$ 是非负整数, c 是非负整数, 则

$$\rho(k+1)-1 = 2^b + 8c - 1$$

上述定理中的 $\rho(k+1)$ 是数论二次型理论中出现的 Hurwitz-Radon 数。

如果 k 维同伦微分球面 Σ^k $(k \geqslant 1)$ 上存在 k 个连续的、"处处"实线性独立的切向量场, 则

$$\rho(k+1)-1 = 2^b + 8c - 1 = k = a2^{b+4c} - 1$$

推出 $c=0, a=1, b=0,1,2,3$, 又 $k \geqslant 1$, 所以 $k=1,3,7$。因此这个定理推出上面的定理。

上面这些深刻定理都依赖于代数拓扑中的 Bott 周期律, 以及以此基石的 K-理论、KO-理论。我们在后面章节中会讲到 Bott 周期律。

Hamilton 的四元数是复数的推广。Hermann Günther Grassmann (公元 1809—1877) 在 1844 年沿着另外一条思路推广了复数。

一个复数可以看作二维实线性空间中一个向量。二维实线性空间中向量 $x = (x_1, x_2)$ 的欧氏长度的平方是

$$|x|^2 = x_1^2 + x_2^2$$

从代数上看, $|x|^2$ 可以推广为向量 $x = (x_1, x_2)$ 与向量 $y = (y_1, y_2)$ 的内积 $\langle x, y \rangle$。它的定义是

$$\langle x, y \rangle = x_1 y_1 + x_2 y_2$$

这样, $|x|^2 = \langle x, x \rangle$ 是一般的 $\langle x, y \rangle$ 取 $y = x$ 的特殊情形。

内积是一个双线性函数。Grassmann 把这个双线性函数从二维实线性空间推广到 n 维实线性空间, 定义 n 维向量 $x = (x_1, \cdots, x_n)$ 与 n 维向量 $y = (y_1, \cdots, y_n)$ 的内积为

$$\langle x, y \rangle = x_1 y_1 + \cdots x_n y_n$$

因此, n 维实线性空间中向量 $x = (x_1, \cdots, x_n)$ 的欧氏长度是

$$|x| = \sqrt{\langle x, x \rangle}$$

n 维实线性空间中的点 $x = (x_1, \cdots, x_n)$ 到点 $y = (y_1, \cdots, y_n)$ 的欧氏距离是

$$|x-y| = \sqrt{\langle x-y, x-y \rangle}$$

n 维向量 x 垂直于 n 维向量 y 定义为

$$\langle x, y \rangle = 0$$

此时有勾股定理成立

$$|x|^2 + |y|^2 = |x + y|^2$$

这样，Grassmann 就建立了 n 维实线性空间中的欧氏几何语言，为几何与拓扑的思维方式进入多变量分析学、多元代数学开辟了道路。

在平面几何中可以画真实的图。在立体几何中可以画投影图。要把一个有 4 个自由度的数学对象"画"出来就比较难。但是，可以用平面几何和立体几何的语言，如：点、线、距离、角度、垂直等等，去思考，可以画示意图。这样做可能会得到一些"想象""结构""猜想"。然后用"代数语言"把它们严格定义清楚，再用"逻辑语言"进行严格推理。高维几何学反映的是人类具有把"形"的思维方式与"数"和"逻辑"的思维方式统一起来的能力。

Grassmann 在 1844 年还提出 n 维线性空间上的"外积"代数。这是一个具有深远意义的代数类型。n 维向量 $x = (x_1, \cdots, x_n)$ 与 n 维向量 $y = (y_1, \cdots, y_n)$ 的"外积"，记为 $x \wedge y$，定义为 $x \wedge y = \dfrac{n(n-1)}{2}$ 维向量，其分量是 $z_{ij} = x_i y_j - y_j x_i, 1 \leqslant i < j \leqslant n$。外积的关键性质是"反交换律"：

$$x \wedge y = -y \wedge x$$

在外积代数中，x^2 定义为 $x \wedge x$。这样，在实数域上的外积代数中，对于任何非零的 n 维向量 $x = (x_1, \cdots, x_n)$，都有

$$x^2 = x \wedge x = 0 \quad \text{但} \quad x \neq 0$$

所以，在实数域上的外积代数中，x^2 为 0 但 x 可以不为 0，这与从实数形成的习惯思维 x^2 为 0 推出 x 为 0，很不一样。但是，上面的 Grassmann 的具体构造证明了如下定理：

定理 6.24　如果实数公理体系是自洽的，则实数域上的外积代数公理体系也是自洽的。

在高等数学课中，积分表达式 $\displaystyle\int_a^b \int_c^d f(t, s) \mathrm{d}t \mathrm{d}s$ 中的 $\mathrm{d}t\mathrm{d}s$ 在坐标 (t, s) 的可逆可微保向变换下的"变换规则"，和外积 $\mathrm{d}t \wedge \mathrm{d}s$ 的"变换规则"，都是由坐标变换的 Jacobian 行列式来表达的。在做坐标变换时，$\mathrm{d}t$ 和 $\mathrm{d}s$ 应看作遵循外积代数中"反交换"运算规则

$$(\mathrm{d}t)^2 = \mathrm{d}t \wedge \mathrm{d}t = 0 \quad \text{但} \quad \mathrm{d}t \neq 0$$

$$(ds)^2 = ds \wedge ds = 0 \quad \text{但} \quad ds \neq 0$$

$$dt \wedge ds = -ds \wedge dt$$

这个"反交换"运算规则,不同于一般二元函数 $g(t, s)$ 的 Taylor 展开式中的自变量 t, s 的独立增量 dt, ds 所满足的"交换"乘法运算规则。

反交换代数和交换代数,虽然乘法公理不同,但其内部都是逻辑自洽的,都是"数学存在"。就如,非欧几何和欧氏几何,虽然平行公理不同,但其内部都是逻辑自洽的,都是"数学存在"。

这样,外积代数就给经典多重积分表达式中 dt 一个自洽的逻辑演绎体系,就如复数代数给表达式 $\sqrt{-1}$ 一个自洽的逻辑演绎体系。

上面说的是两种不同运算规则:"反交换"和"交换"。还有其他类型的运算规则,如线性空间上的"Clifford 代数"运算规则,它既不是普遍反交换的,也不是普遍交换的。

任意取定实 (或复) 线性空间 V 上的一个实 (或复) 双线性函数 q, q 所确定的 Clifford 代数乘法满足

$$x \cdot y + y \cdot x = -2q(x, y), \quad \forall x, y \in V$$

当 $q(x, y) = 0$ 时,x 乘 y 是反交换的:$x \cdot y = -y \cdot x$。

当 $q(x, x) \neq 0$ 时,x 乘 x 不是反交换的:$x^2 = x \cdot x = -q(x, x) \neq 0$。

选择不同具体的双线性函数 q,Clifford 代数运算规则就不同,因此有许多种。但其内部都是逻辑自洽的,都是"数学存在"。Clifford 代数与量子力学中自旋 (spin) 概念、Dirac 方程,与现代数学中 Atiyah-Singer 指标理论有紧密的联系。

Clifford 代数中的乘法运算满足"结合律"。也有非常好的代数类型中,连"结合律"也不满足。例如 Lie 代数中二元运算 $[\cdot, \cdot]$ 满足反交换律,不满足结合律,但满足 Jacobi 恒等式,即任取 $x, y, z \in V$,有

$$[[x, y], z] + [[y, z], x] + [[z, x], y] = 0$$

Lie 代数在数学和物理中有广泛的应用。

上面讲的是不同的代数运算规则。从几何上看,在微分流形理论中,df 在一点处的"一阶近似等价类"定义为此点处的余切向量。如果从几何整体的观点看,把一个微分流形上所有点处的所有余切向量放在一起,叫作"余切向量丛"。在每一点处取一个余切向量叫作 1 次微分形式。这样就会发现一个大范围的现象。例如,在二维平面上可以找到一个"处处非零"的连续的 1 次微分形式。但在二维球面就找不到一个"处处非零"的连续的 1 次微分形式。区别在哪里呢?

余切向量丛的概念可以推广为一般向量丛。从"拓扑不变量"思想研究一般向量丛之间的区别，就会引向有力的、深刻的"陈类"(陈省身示性类, Chern class), 以及 Pontryagin 类，等。

更进一步深刻的问题: 微分流形的"余切向量丛"在何种程度上决定微分流形的"微分结构"? 这个问题在 20 世纪数学中已取得重大进展，如 Novikov 定理。[1]Sergei Petrovich Novikov (公元 1938—) 被授予 1970 年 Fields 奖, 2005 年 Wolf 奖, 是苏联的第一位 Fields 奖获得者。

Sergei Petrovich Novikov

但还有一些不解之谜，如 Novikov 猜想目前还没有被完全理解。物理时空是四维的。对于四维微分结构，现在知道它与其他维数的微分结构非常地不同，但对其理解也不多。

---

① 参见 [18] 第 368 页。

第七章　经典数学思维方式遇到的困难

■ 第一节　根式可解性

对多项式方程的研究一直是数学发展的一个长久动力。中国古代数学中的价值观和传统是追求"算法"。欧洲数学中的价值观和传统是追求解的准确的"表达式"以及"表达式中的结构"。

多项式方程的研究在 19 世纪初，存在着两个难题。在代数学中，一个难题是：一个次数大于 4 的一元多项式方程有根式解的充分必要条件是什么？在分析学中，一个难题是：如何把椭圆积分的研究推广到一般"任意"的二元多项式？

Niels Henrik Abel (公元 1802—1829) 把这两个难题的研究都历史性地向前推动了一大步。他在 26 岁时 (没到 27 岁) 就不幸去世了；他没有时间。他已经感觉到了：当多项式的次数越来越高时、当变量的元数越来越多时，经典数学思维方式遇到了巨大复杂性的困难。但他似乎没有感觉到这巨大复杂性背后的优美结构："方程背后的对称群结构"和"方程背后的空间拓扑结构"。

在数学发展的历史长河中，Abel 恰好处在一个数学思想质变的前夜。Abel 不畏艰难地探索前进。Abel 遇到的数学矛盾甚为激烈。Lagrange 说"或者是这个问题超越了人的智力范围，或者是根的表达式的性质必定不同于当时所知道的一切"。Gauss 说"这个问题也许是不能解决的"。[①] 从辩证发展的观点来看，非常激烈的数学矛盾往往也是数学思想质变的动力。带来这个数学思想质变的是一位人类历史上罕见的天才：Évariste Galois (公元 1811—1832)。Galois 清楚地知道"方程背后的对称群结构"是一个革命性的新认识，达到了数学更深的、全新的层次，必将带来数学飞跃的发展。Galois 写道："group the operations, classify them according to their complexities rather than their appearances; this, I believe, is the mission of future mathematicians." (引自 [66], 第 304 页。这段话的数学含义意译为：把一些置换放在一起构成群，根据群的抽象结构，而不是群中元素的具体描

---

① 参见 [31] 第 2 册第 360 页。

述，对群进行同构分类；这个，我相信，是未来数学家的使命）。 在后面章节中会详细地讲解 Galois 的"方程背后的对称"思想和 Riemann 的"内在空间新思维"。

在代数学中，Abel 在 1824 年证明：一般"字母"系数的一元五次方程的根不可能由它的系数与有理数、经过有限次四则运算和根式运算而得到。

但有些数字系数的一元五次方程有根式解。 例如：$x^5 - 1 = 0$ 的 5 个根是

$$\mathrm{e}^{\frac{2\pi i}{5}k} = \left(\frac{-1+\sqrt{5}}{4} + \frac{\sqrt{-10-2\sqrt{5}}}{4}\right)^k, k = 0,1,2,3,4$$

这就提出一个结构性的代数问题：哪些一元多项式方程有根式解呢？对于这个问题，Abel 在 1826 年得到了一个充分条件。

Niels Henrik Abel

定理 7.1 (Abel 交换定理)　给定一个有理系数的一元 n 次方程。如果它有一个根使得：(1) 此根可以通过一些有理变换表示出其他所有根；(2) 这些有理变换对于复合运算是交换的，则此方程有根式解，即它的所有根可以由它的系数与有理数、经过有限次四则运算和根式运算而得到。

例　最简单的一元 n 次方程 $x^n - 1 = 0$ $(n \geqslant 2)$ 的所有复数根是 $\mathrm{e}^{\frac{2\pi i}{n}k}$，$k = 1,\cdots,n$。它有一个根 $r_1 = \mathrm{e}^{\frac{2\pi i}{n}}$ 使得 (1) $x^n - 1 = 0$ 其他所有根可以表示为 $f_k(r_1)$，$k = 2,\cdots,n$，这里变换 $f_k(z) = z^k$ 是"有理变换"；(2) 这些有理变换对于"复合运算"

$$f_j(f_k(z)) = (z^k)^j = (z^j)^k = f_k(f_j(z))$$

是交换的。

因此上面的 Abel 交换定理推出：$x^n - 1 = 0$ 的所有根可以由有理数、经过有限次四则运算和根式运算而得到。即：实数 $\cos\dfrac{2\pi}{n}$ 可以由有理数、经过有限次四则运算和根式运算而得到。这不是显然的，是隐藏在实数 $\cos\dfrac{2\pi}{n}$ 中的代数结构。

Abel 交换定理中的条件是充分条件，但不是必要条件。Abel 想找到一元多项式方程有根式解的充分必要条件。突破口在哪里？这需要一个新的现代数学思想。我们在后面会讲解。

第二节　多值函数

在分析学中，Abel 在 1826 年研究了三次或四次多项式的椭圆积分，并部分地

推广到任意次多项式。

设复变量 x, y 满足一个非常数的复系数二元多项式方程

$$a_{00} + a_{10}x + a_{01}y + \cdots + a_{nk}x^n y^k = 0$$

$R(x, y)$ 是由 x, y 的四则运算得到的有理函数，Abel 研究一般积分

$$\int_0^x R(x, y)\mathrm{d}x$$

现在叫作 Abel 积分。

Abel 积分的难点在于 y 是 x 的多值函数。$\int_0^x R(x, y)\mathrm{d}x$ 中 y 取哪个值?[①]

突破口在哪里? 这又需要一个新的现代数学思想。我们在后面会讲解。

Abel 积分是椭圆积分的推广。椭圆积分本质上是关于二元三次或四次多项式的。在二元三次曲线的研究中，最基本的一个发现是：二元三次曲线上隐藏一个"新加法"运算。

例如

$$y^2 = x^3 + 17$$

是一个二元三次多项式。它的所有复数解加上一个无穷远点记为：

$$M = \{(x, y)|y^2 = x^3 + 17, x 与 y 是复数\} \cup \{(\infty, \infty)\}$$

美妙的是：M 上有一个二元运算 "$\oplus$" 满足：

(1) 交换律：$P \oplus Q = Q \oplus P$;

(2) 零元律：$P \oplus (\infty, \infty) = P$;

(3) 负元律：$(x, y) \oplus (x, -y) = (\infty, \infty)$;

(4) (最显著的) 结合律：$(P \oplus Q) \oplus R = P \oplus (Q \oplus R)$。

Diaphantus 在约公元 3 世纪时就已经知道这个运算。[②] 它的表达式是：设 $y^2 = x^3 + 17$, $b^2 = a^3 + 17$, 则当 $x \neq a$ 时,

$$(x, y) \oplus (a, b) = \left(u, \frac{b-y}{a-x}(x-u) - y\right)$$

其中

$$u = \left(\frac{b-y}{a-x}\right)^2 - x - a$$

当 $x = a, y = b$ 时,

$$(x, y) \oplus (x, y) = \left(u, \frac{3x^2}{2y}(x-u) - y\right)$$

---

① 参考 [31] 第 3 册第 36 页第 1 段最后一句 "都受到处理多值函数局限性的方法的妨碍"。
② 参考 [63] 第 149 页。

其中

$$u = \left(\frac{3x^2}{2y}\right)^2 - 2x$$

当 $x = a, y = -b$ 时,

$$(x, y) \oplus (x, -y) = (\infty, \infty)$$

用上面公式可以算出下面的例子, 注意其结果与通常加法 $(x, y) + (a, b) = (x + a, y + b)$ 很不相同, 例如

$$(-2, 3) \oplus (2, -5) = (4, 9)$$

$$(-1, 4) \oplus (2, 5) = \left(-\frac{8}{9}, -\frac{109}{27}\right)$$

$$(-2, 3) \oplus (-2, 3) = (8, -23)$$

$$(-1, 4) \oplus (-1, 4) = \left(\frac{137}{64}, -\frac{2651}{512}\right)$$

上面的表达式看似有点神秘。后来, Newton 给出它的几何解释。他用二元三次曲线的割线和切线推出上面的公式。

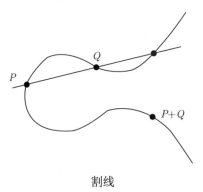

割线

任取 M 中两点 P 和 Q, 当 $P \neq Q$ 时, 过 P 和 Q 的割线交 M 于第三点 (u, y), 则

$$P \oplus Q = (u, -y)$$

当 $P = Q$, 过 P 的切线交 M 于另一个点 (u, y), 则

$$P \oplus P = (u, -y)$$

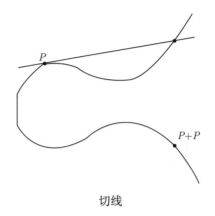

切线

从复变函数的观点来看，$\sqrt{t^3 + 17}$ 是多值函数，因此

$$\int_0^x \frac{\mathrm{d}t}{\sqrt{t^3 + 17}}$$

实际上是多值函数，就像 $\displaystyle\int_0^x \frac{\mathrm{d}t}{\sqrt{1 - t^2}} = \mathrm{Arcsin}\,x$ 是多值函数一样。

对于多值函数 $\alpha = \mathrm{Arcsin}\,x$，应该看它的反函数 $x = \sin\alpha$，因为 $\sin\alpha$ 是单值的、周期的。受此启发，对于多值函数

$$\theta = \int_0^x \frac{\mathrm{d}t}{\sqrt{t^3 + 17}}$$

应该研究它的反函数 $x = s(\theta)$。

奇妙的是：$s(\theta)$ 也是单值的、周期的，而且有两个复数周期 ω_1 与 ω_2，

$$s(\theta + \omega_1) = s(\theta), \quad s(\theta + \omega_2) = s(\theta)$$

并且 ω_1 与 ω_2 在实数域上是线性独立的。

这个双周期性是一般规律。设二元三次多项式方程

$$y^2 = 4x^3 - bx - c$$

满足非奇异条件 $b^3 \neq 27c^2$，则多值函数

$$\theta = \int_0^x \frac{\mathrm{d}t}{\sqrt{4t^3 - bt - c}}$$

的反函数是单值的、周期的，而且有两个复数周期 ω_1 与 ω_2，并且 ω_1 与 ω_2 在实数域上是线性独立的。

Karl Theodor Wilhelm Weierstrass (公元 1815—1897) 在 1863 年证明了下面美丽的公式[1]：

$$b = 60 \sum_{(n,m) \neq (0,0)} \frac{1}{(n\omega_1 + m\omega_2)^4}$$

$$c = 140 \sum_{(n,m) \neq (0,0)} \frac{1}{(n\omega_1 + m\omega_2)^6}$$

其中 n, m 为整数。

运用复变函数中亚纯函数理论，从双周期性出发，Weierstrass 得到了当 $b^3 \neq 27c^2$ 时，二元三次多项式方程

$$y^2 = 4x^3 - bx - c$$

有亚纯函数解[2]：

$$x = \frac{1}{z^2} + \sum_{(n,m) \neq (0,0)} \left(\frac{1}{(z - n\omega_1 - m\omega_2)^2} - \frac{1}{(n\omega_1 + m\omega_2)^2} \right)$$

$$y = -2 \sum_{(n,m)} \frac{1}{(z - n\omega_1 - m\omega_2)^3}$$

其中 n, m 为整数。

这个双周期性是关键的。在经典数学中，这个双周期性看似很神秘。有没有办法能够显然地看到这个双周期性呢？这需要一个新的现代数学思想。我们在后面会讲解。

---

① 可参考 [30] 第 118 页 Lemma 5.17 和 [63] 第 228 页。
② 可参考 [30] 第 115 页 Proposition 5.10 和第 118 页 Lemma 5.17。

第八章 方程背后的对称

▇ 第一节 三次、四次方程背后的对称

一般认为，在公元前 2000 年左右，古代巴比伦人知道了一元二次方程 $x^2 + bx + c = 0$ 的解

$$x_1 = -\frac{b}{2} + \sqrt{\left(\frac{b}{2}\right)^2 - c}, \quad x_2 = -\frac{b}{2} - \sqrt{\left(\frac{b}{2}\right)^2 - c}$$

此后，人类花了大约 3500 年，才知道一般一元三次方程准确的根式解。意大利的 S. Ferro 在 1515 年，与 N. Fontana (昵称 Tartaglia) 在 1535 年给出了一般一元三次方程准确的根式解。为什么花了这么长时间？困难在哪里？

对于一般的一元三次方程 $x^3 + px^2 + rx + s = 0$，通过平移变换 $x = t - \dfrac{p}{3}$ 把它简化为

$$t^3 + bt + c = 0$$

如果能首先意识到解中隐秘的对称结构，用最简单的二元对称表达式作变换：

$$t = u + v$$

那么一元三次方程的解就容易找到了。这个思路，人类花了大约 3500 年才知道。这个思路是大胆的，因为把 1 个未知元变为 2 个未知元与通常解方程消元法的思路是相反的。

用 $t = u + v$ 代入 $t^3 + bt + c = 0$ 得

$$u^3 + v^3 + c + (u+v)(3uv + b) = 0$$

这个方程是对称的。令

$$u^3 + v^3 + c = 0$$

$$3uv + b = 0$$

$z = u^3$ 满足二次方程

$$z^2 + cz + \left(-\frac{b}{3}\right)^3 = 0$$

它的所有根是

$$z_1 = -\frac{c}{2} + \sqrt{\left(\frac{c}{2}\right)^2 + \left(\frac{b}{3}\right)^3}$$

$$z_2 = -\frac{c}{2} - \sqrt{\left(\frac{c}{2}\right)^2 + \left(\frac{b}{3}\right)^3}$$

在复数中，一般立方根有三个分支。因为

$$uv = -\frac{b}{3}$$

所以要选择恰当的立方根分支使得

$$\left(\sqrt[3]{-\frac{c}{2} + \sqrt{\left(\frac{c}{2}\right)^2 + \left(\frac{b}{3}\right)^3}}\right)\left(\sqrt[3]{-\frac{c}{2} - \sqrt{\left(\frac{c}{2}\right)^2 + \left(\frac{b}{3}\right)^3}}\right) = -\frac{b}{3}$$

选定后，$t = u + v$ 的三个分支就可以表达为

$$t_1 = \sqrt[3]{-\frac{c}{2} + \sqrt{\left(\frac{c}{2}\right)^2 + \left(\frac{b}{3}\right)^3}} + \sqrt[3]{-\frac{c}{2} - \sqrt{\left(\frac{c}{2}\right)^2 + \left(\frac{b}{3}\right)^3}}$$

$$t_2 = \frac{-1 + \sqrt{-3}}{2}\sqrt[3]{-\frac{c}{2} + \sqrt{\left(\frac{c}{2}\right)^2 + \left(\frac{b}{3}\right)^3}} + \frac{-1 - \sqrt{-3}}{2}\sqrt[3]{-\frac{c}{2} - \sqrt{\left(\frac{c}{2}\right)^2 + \left(\frac{b}{3}\right)^3}}$$

$$t_3 = \frac{-1 - \sqrt{-3}}{2}\sqrt[3]{-\frac{c}{2} + \sqrt{\left(\frac{c}{2}\right)^2 + \left(\frac{b}{3}\right)^3}} + \frac{-1 + \sqrt{-3}}{2}\sqrt[3]{-\frac{c}{2} - \sqrt{\left(\frac{c}{2}\right)^2 + \left(\frac{b}{3}\right)^3}}$$

　　对于一般的一元四次方程，L. Ferrari 在 1540 年左右找到了它准确的根式解。Ferrari 的方法用了一个看似巧妙的配方。[1]　下面介绍的是 Descartes 的方法。Descartes 的方法看似自然一些：假设分解成低次多项式，然后待定系数。[2]

---

　　[1] 参见 [66] 第 22 页中 "Ferrari's method"。
　　[2] 参见 [66] 第 64 页第 1 段中 "Descartes recommends"。

首先，通过平移变换把一般的一元四次方程简化为

$$x^4 + bx^2 + cx + d = 0$$

如果 $c = 0$，则通过 $t = x^2$ 化为一元二次方程

$$t^2 + bt + d = 0$$

如果 $c \neq 0$，则

$$x^4 + bx^2 + cx + d = (x^2 + px + j)(x^2 - px + k)$$

$y = j + k$ 满足一元三次方程

$$y^3 - by^2 - 4dy + (4bd - c^2) = 0$$

它正好是 Ferrari 方法中的预解式，现在叫 Ferrari 预解式。解这个方程的步骤如下：

第一步：解此三次方程得它的根 y_1, y_2, y_3。

第二步：分别对于 $k = 1, 2, 3$，解两个一元二次方程

$$x^2 + \frac{c}{\sqrt{y_k^2 - 4d}}x + \left(\frac{y_k}{2} - \frac{\sqrt{y_k^2 - 4d}}{2}\right) = 0$$

$$x^2 - \frac{c}{\sqrt{y_k^2 - 4d}}x + \left(\frac{y_k}{2} + \frac{\sqrt{y_k^2 - 4d}}{2}\right) = 0$$

其中平方根取同样的分支。

注 1 由条件 $c \neq 0$ 可以推出上面表达式中 $y_k^2 - 4d \neq 0$，因为，如果 $y_k^2 = 4d$，则 y_k 满足的上面的三次方程推出 $c = 0$，矛盾。

注 2 有的文献把上面第二步写成：分别对于 $k = 1, 2, 3$，解两个一元二次方程

$$x^2 + \sqrt{y_k - b}x + \left(\frac{y_k}{2} - \frac{c}{2\sqrt{y_k - b}}\right) = 0$$

$$x^2 - \sqrt{y_k - b}x + \left(\frac{y_k}{2} + \frac{c}{2\sqrt{y_k - b}}\right) = 0$$

其中平方根取同样的分支。它们是等价的：

$$\sqrt{y_k - b} = \pm\frac{c}{\sqrt{y_k^2 - 4d}}$$

因为

$$y_k^3 - by_k^2 - 4dy_k + (4bd - c^2) = 0$$

例如，一元四次方程

$$x^4 - 4x^3 - 4x^2 + 8x - 2 = 0$$

的四个解是

$$1 + \sqrt{2} + \sqrt{3 + \sqrt{2}}, \quad 1 + \sqrt{2} - \sqrt{3 + \sqrt{2}}$$
$$1 - \sqrt{2} + \sqrt{3 - \sqrt{2}}, \quad 1 - \sqrt{2} - \sqrt{3 - \sqrt{2}}$$

上面的解法中关键是可以降阶。为什么一元三次方程总可化为先解一个一元二次方程，而一元四次方程总可化为先解一个一元三次方程？可以用对称的思想对其解释。

对于一元三次方程，设 r_1, r_2, r_3 是一般字母系数 $x^3 + bx + c = 0$ 的三个根。设 $\omega = e^{\frac{2\pi i}{3}} = \cos 120° + \sqrt{-1} \sin 120° = -\frac{1}{2} + \frac{\sqrt{-3}}{2}$，$\omega^3 = 1$。设 $Q(\sqrt{-3})$ 是所有由有理数与 $\sqrt{-3}$ 通过有限次四则运算得到的复数的集合，构造出根的下面两个表达式：

$$L_1 = (r_1 + r_2\omega + r_3\omega^2)^3, \quad L_2 = (r_1 + r_2\omega^2 + r_3\omega^4)^3 = (r_1 + r_2\omega^2 + r_3\omega)^3$$

在 (r_1, r_2) 对换下，L_1 变成 $(r_2 + r_1\omega + r_3\omega^2)^3 = (\omega(r_1 + r_2\omega^2 + r_3\omega))^3 = L_2$，$L_2$ 变成 $(r_2 + r_1\omega^2 + r_3\omega^4)^3 = (\omega^2(r_1 + r_2\omega + r_3\omega^2))^3 = L_1$。因此，$(y - L_1)(y - L_2)$ 在对换 (r_1, r_2) 下"不变"。类似地，可以验证 $(y - L_1)(y - L_2)$ 在对换 (r_1, r_3) 下也不变。因此，$(y - L_1)(y - L_2)$ 中 y 的系数都是 r_1, r_2, r_3 的对称多项式，其系数在 $Q(\sqrt{-3})$ 中。

运用对称多项式表示定理，以及根与系数关系可推出 $(y - L_1)(y - L_2)$ 中 y 的系数都是 b, c 的多项式，其系数在 $Q(\sqrt{-3})$ 中。所以 $(y - L_1)(y - L_2)$ 的两个根 $y_1 = L_1$ 与 $y_2 = L_2$ 可由 b, c 和有理数经过有限次四则运算和根式运算得到。

由 L_1, L_2 的上面表达式，以及根与系数关系，得到有关三个根 r_1, r_2, r_3 的线性方程组：

$$\begin{cases} r_1 + r_2\omega + r_3\omega^2 = \sqrt[3]{y_1} \\ r_1 + r_2\omega^2 + r_3\omega = \sqrt[3]{y_2} \\ r_1 + r_2 + r_3 = 0 \end{cases}$$

运用 $1 + \omega + \omega^2 = 0$，可解出上面线性方程组得到

$$r_1 = \frac{1}{3}(\sqrt[3]{y_1} + \sqrt[3]{y_2})$$
$$r_2 = \frac{1}{3}(\omega^2 \sqrt[3]{y_1} + \omega \sqrt[3]{y_2})$$

$$r_3 = \frac{1}{3}(\omega \sqrt[3]{y_1} + \omega^2 \sqrt[3]{y_2})$$

其中 $\sqrt[3]{y_1}$, $\sqrt[3]{y_2}$ 取恰当的分支。

这样，就用对称的思想解释了：一般字母系数的一元三次方程三个根 r_1, r_2, r_3 可由系数与有理数经过有限次四则运算和根式运算而得到。

对于一元四次方程，设 r_1, r_2, r_3, r_4 是一般字母系数 $x^4 + bx^2 + cx + d = 0$ 的四个根。设 $d \neq 0$。构造出根的下面三个表达式：

$$L_1 = r_1 r_2 + r_3 r_4, \quad L_2 = r_1 r_3 + r_2 r_4, \quad L_3 = r_1 r_4 + r_2 r_3$$

在 (r_1, r_2) 对换下，L_1 变成 L_1，L_2 变成 L_3，L_3 变成 L_2。因此，$(y - L_1)(y - L_2)(y - L_3)$ 在对换 (r_1, r_2) 下不变。类似地可以验证它在对换 (r_1, r_3)，(r_1, r_4) 下也不变。因此，$(y - L_1)(y - L_2)(y - L_3)$ 中 y 的系数都是 r_1, r_2, r_3, r_4 的对称多项式。

运用对称多项式表示定理，以及根与系数关系可推出 $(y - L_1)(y - L_2)(y - L_3)$ 中 y 的系数都是 b, c, d 的多项式。事实上

$$(y - L_1)(y - L_2)(y - L_3) = y^3 - by^2 - 4dy + (4bd - c^2)$$

它正好是 Ferrari 预解式。由三次方程的结果可得到 $(y - L_1)(y - L_2)(y - L_3)$ 的三个根 $y_1 = L_1, y_2 = L_2, y_3 = L_3$ 可由 b, c, d 与有理数经有限次四则运算和根式运算得到。

由 L_1, L_2, L_3 的上面表达式，以及根与系数关系，得到有关四个根 r_1, r_2, r_3, r_4 的方程组：

$$\begin{cases} r_1 r_2 + r_3 r_4 = y_1 \\ r_1 r_3 + r_2 r_4 = y_2 \\ r_1 r_4 + r_2 r_3 = y_3 \\ r_1 r_2 r_3 r_4 = d \end{cases}$$

由此推出 $r_1 r_2, r_3 r_4, r_1 r_3, r_2 r_4, r_1 r_4, r_2 r_3$ 都分别满足一元二次方程，其系数可由 y_1, y_2, y_3, d 与有理数经过有限次四则运算和根式运算得到，因此可由 b, c, d 与有理数经过有限次四则运算和根式运算而得到。根与系数关系 $r_1 r_2 r_3 r_4 = d \neq 0$ 推出 $r_1, r_2, r_3, r_4 \neq 0$。所以

$$r_1 = \sqrt{\frac{(r_1 r_2)(r_1 r_3)}{r_2 r_3}}$$

可由 b, c, d 与有理数经过有限次四则运算和根式运算而得到。同理，r_2, r_3, r_4 可由 b, c, d 与有理数经过有限次四则运算和根式运算而得到。

　　这样，就用对称的思想解释了：一般字母系数的一元四次方程四个根 r_1, r_2, r_3, r_4 可由系数与有理数经过有限次四则运算和根式运算而得到。

　　对于一元四次方程，上面预解式不是唯一的。也可构造出如下的根的三个表达式：

$$D_1 = (r_1+r_2)(r_3+r_4), \quad D_2 = (r_1+r_3)(r_2+r_4), \quad D_3 = (r_1+r_4)(r_2+r_3)$$

在 (r_1, r_2) 对换下，D_1 变成 D_1，D_2 变成 D_3，D_3 变成 D_2。因此，$(z-D_1)(z-D_2)(z-D_3)$ 在对换 (r_1,r_2) 下不变。类似地可以验证它在对换 (r_1,r_3)，(r_1,r_4) 下也不变。因此，$(z-D_1)(z-D_2)(z-D_3)$ 中 z 的系数都是 r_1, r_2, r_3, r_4 的对称多项式。

　　运用对称多项式表示定理，以及根与系数关系可推出 $(z-D_1)(z-D_2)(z-D_3)$ 中 z 的系数都是 b, c, d 的多项式。事实上，

$$(z-D_1)(z-D_2)(z-D_3) = z^3 - 2bz^2 + (b^2-4d)z + c^2$$

在 $z = b - y$ 变换下变为 y 的 Ferrari 预解式。由三次方程的结果可得到 $(z-D_1)(z-D_2)(z-D_3)$ 的三个根 $z_1 = D_1, z_2 = D_2, z_3 = D_3$ 可由 b, c, d 与有理数经过有限次四则运算和根式运算得到。

　　由 D_1, D_2, D_3 的上面表达式，以及根与系数关系，得到有关四个根 r_1, r_2, r_3, r_4 的方程组：

$$\begin{cases} (r_1+r_2)(r_3+r_4) = z_1 \\ (r_1+r_3)(r_2+r_4) = z_2 \\ (r_1+r_4)(r_2+r_3) = z_3 \\ r_1+r_2+r_3+r_4 = 0 \end{cases}$$

由此推出

$$r_1 + r_2 = -(r_3+r_4) = \pm\sqrt{-z_1}$$
$$r_1 + r_3 = -(r_2+r_4) = \pm\sqrt{-z_2}$$
$$r_1 + r_4 = -(r_2+r_3) = \pm\sqrt{-z_3}$$

所以

$$r_1 = \frac{\pm\sqrt{-z_1} \pm \sqrt{-z_2} \pm \sqrt{-z_3}}{2}$$

可由 b, c, d 与有理数经过有限次四则运算和根式运算得到，其中 $\sqrt{-z_1}, \sqrt{-z_2}, \sqrt{-z_3}$ 取恰当的分支。同理，r_2, r_3, r_4 可由 b, c, d 与有理数经过有限次四则运算和根式运算而得到。

对于一元四次方程, 还可构造出如下的根的 3 个表达式①:

$$E_1 = (r_1 + r_2 - r_3 - r_4)^2, \quad E_2 = (r_1 - r_2 + r_3 - r_4)^2, \quad E_3 = (r_1 - r_2 - r_3 + r_4)^2.$$

容易验证, $(u - E_1)(u - E_2)(u - E_3)$ 在对换 (r_1, r_2), (r_1, r_3), (r_1, r_4) 下也不变. 因此, $(u - E_1)(u - E_2)(u - E_3)$ 中 u 的系数都是 r_1, r_2, r_3, r_4 的对称多项式.

运用对称多项式表示定理, 以及根与系数关系可推出 $(u - E_1)(u - E_2)(u - E_3)$ 中 u 的系数都是 b, c, d 的多项式. 所以 $(u - E_1)(u - E_2)(u - E_3)$ 的三个根 $u_1 = E_1, u_2 = E_2, u_3 = E_3$ 可由 b, c, d 与有理数经过有限次四则运算和根式运算得到.

由 E_1, E_2, E_3 的上面表达式, 以及根与系数关系, 得到有关 4 个根 r_1, r_2, r_3, r_4 的方程组:

$$\begin{cases} r_1 + r_2 - r_3 - r_4 = \pm\sqrt{u_1} \\ r_1 - r_2 + r_3 - r_4 = \pm\sqrt{u_2} \\ r_1 - r_2 - r_3 + r_4 = \pm\sqrt{u_3} \\ r_1 + r_2 + r_3 + r_4 = 0 \end{cases}$$

由此推出

$$r_1 + r_2 = -(r_3 + r_4) = \pm\frac{\sqrt{u_1}}{2}$$

$$r_1 + r_3 = -(r_2 + r_4) = \pm\frac{\sqrt{u_2}}{2}$$

$$r_1 + r_4 = -(r_2 + r_3) = \pm\frac{\sqrt{u_3}}{2}$$

所以

$$r_1 = \frac{\pm\sqrt{u_1} \pm \sqrt{u_2} \pm \sqrt{u_3}}{4}$$

可由 b, c, d 与有理数经过有限次四则运算和根式运算而得到. 其中 $\sqrt{u_1}, \sqrt{u_2}$, $\sqrt{u_3}$ 取恰当的分支. 同理, r_2, r_3, r_4 可由 b, c, d 与有理数经过有限次四则运算和根式运算而得到 (也可直接由四个方程式相加而得到).

自然地, 把上面的降阶预解式的想法用于一般字母系数的一元五次方程. Lagrange 没有找到能降阶的预解式. Lagrange 发出了疑问: 设 r_1, r_2, r_3, r_4, r_5 是一般字母系数 $x^5 + bx^3 + cx^2 + dx + e = 0$ 的五个根, 是否存在 r_1, r_2, r_3, r_4, r_5 的 4 个四则运算的字母表达式 L_1, L_2, L_3, L_4 使得四次多项式 $(y - L_1)(y - L_2)(y - L_3)(y - L_4)$ 在对换 $(r_1, r_2), (r_1, r_3), (r_1, r_4), (r_1, r_5)$ 下不变? Lagrange 发出感叹: "或者是这个

---

① 参见 [13] 第 323 页 Euler's solution.

问题超越了人的智力范围，或者是根的表达式的性质必定不同于当时所知道的一切。"①

　　"必定不同于当时所知道的一切"的秘密是什么呢？或许，研究简单 n 次方程 $x^n - 1 = 0$ 的根式解，能看到这个秘密的一丝"闪光"：

　　$x^2 - 1 = 0$ 的一个生成根是 $e^{\frac{2\pi i}{2}} = \cos 180° + \sqrt{-1} \sin 180° = -1$。

　　$x^3 - 1 = 0$ 的一个生成根是 $e^{\frac{2\pi i}{3}} = \cos 120° + \sqrt{-1} \sin 120° = -\dfrac{1}{2} + \dfrac{\sqrt{-3}}{2}$。

　　$x^4 - 1 = 0$ 的一个生成根是 $e^{\frac{2\pi i}{4}} = \cos 90° + \sqrt{-1} \sin 90° = \sqrt{-1}$。

　　$x^5 - 1 = 0$ 的一个生成根是 $e^{\frac{2\pi i}{5}} = \cos 72° + \sqrt{-1} \sin 72° = \dfrac{-1 + \sqrt{5}}{4} + \dfrac{\sqrt{-10 - 2\sqrt{5}}}{4}$。
(用 $x^4 + x^3 + x^2 + x + 1 = 0$ 等价 $x^2 + x + 1 + x^{-1} + x^{-2} = 0$, $y = x + x^{-1} = 2\cos 72°$ 满足二次方程 $y^2 + y - 1 = 0$。或用 $z = \cos 72° = \sin 18°$ 满足 $1 - 2z^2 = 1 - 2(\sin 18°)^2 = \cos(2 \times 18°) = \cos 36° = \sin 54° = \sin(3 \times 18°) = 3\sin 18° - 4(\sin 18°)^3 = 3z - 4z^3$ 推出 $(z - 1)(4z^2 + 2z - 1) = 0$。)

　　$x^6 - 1 = 0$ 的一个生成根是 $e^{\frac{2\pi i}{6}} = \cos 60° + \sqrt{-1} \sin 60° = \dfrac{1}{2} + \dfrac{\sqrt{-3}}{2}$。

　　$x^7 - 1 = 0$ 的一个生成根是 $e^{\frac{2\pi i}{7}} = \cos \dfrac{360°}{7} + \sqrt{-1} \sin \dfrac{360°}{7}$。

$$\cos \frac{360°}{7} = -\frac{1}{6} + \frac{1}{6}\sqrt[3]{\frac{7}{2} + \frac{21\sqrt{-3}}{2}} + \frac{1}{6}\sqrt[3]{\frac{7}{2} - \frac{21\sqrt{-3}}{2}}$$

其中两个立方根取恰当的分支使得右边的值是正数。(用 $x^6 + x^5 + x^4 + x^3 + x^2 + x + 1 = 0$ 等价 $x^3 + x^2 + x + 1 + x^{-1} + x^{-2} + x^{-3} = 0$, $y = x + x^{-1} = 2\cos \dfrac{360°}{7}$ 满足三次方程 $y^3 + y^2 - 2y - 1 = 0$。令 $y = u - \dfrac{1}{3}$ 得 $u^3 - \dfrac{7}{3}u - \dfrac{7}{3^3} = 0$。再用上面一元三次方程的求根根式。)

　　$x^8 - 1 = 0$ 的一个生成根是 $e^{\frac{2\pi i}{8}} = \cos 45° + \sqrt{-1} \sin 45° = \dfrac{\sqrt{2}}{2} + \dfrac{\sqrt{-2}}{2}$。

　　$x^9 - 1 = 0$ 的一个生成根是 $e^{\frac{2\pi i}{9}} = (\cos 120° + \sqrt{-1} \sin 120°)^{\frac{1}{3}} = \sqrt[3]{-\dfrac{1}{2} + \dfrac{\sqrt{-3}}{2}}$。

　　$x^{10} - 1 = 0$ 的一个生成根是 $e^{\frac{2\pi i}{10}} = \cos 36° + \sqrt{-1} \sin 36° = \dfrac{1 + \sqrt{5}}{4} + \dfrac{\sqrt{-10 + 2\sqrt{5}}}{4}$。
(用上面 $\sin 18°$ 的表达式与倍角公式)。

---

① 参见 [31] 第 2 册第 360 页。

第二节　十一次单位根背后的对称

Alexandre-Théophile Vandermonde (公元 1735—1796) 求 $x^{11} - 1 = 0$ 的根式解的方法[①]：

$$x^{11} - 1 = 0$$

有 11 个根 $e^{\frac{2\pi i}{11}k}$，其中 $k = 0, 1, \cdots, 10$。

$$e^{\frac{2\pi i}{11}} = \cos\frac{2\pi}{11} + \sqrt{-1}\sin\frac{2\pi}{11}$$

分解

$$x^{11} - 1 = (x - 1)(x^{10} + x^9 + x^8 + x^7 + x^6 + x^5 + x^4 + x^3 + x^2 + x + 1)$$

有 10 个根 $e^{\frac{2\pi i}{11}k}$，$k = 1, \cdots, 10$ 满足一元十次方程

$$x^{10} + x^9 + x^8 + x^7 + x^6 + x^5 + x^4 + x^3 + x^2 + x + 1 = 0$$

解这个方程的步骤如下：

第一步：简化为一元五次方程：

$$x^5 + x^4 + x^3 + x^2 + x + 1 + x^{-1} + x^{-2} + x^{-3} + x^{-4} + x^{-5} = 0$$

应用下面的"拓扑诗"：

$$y = -(x + x^{-1})$$

$$y^2 = x^2 + 2 + x^{-2} \quad 推出 \quad x^2 + x^{-2} = y^2 - 2$$

$$y^3 = -(x^3 + 3x + 3x^{-1} + x^{-3}) \quad 推出 \quad x^3 + x^{-3} = -y^3 + 3y$$

$$y^4 = x^4 + 4x^2 + 6 + 4x^{-2} + x^{-4} \quad 推出 \quad x^4 + x^{-4} = y^4 - 4y^2 + 2$$

$$y^5 = -(x^5 + 5x^3 + 10x + 10x^{-1} + 5x^{-3} + x^{-5}) \quad 推出 \quad x^5 + x^{-5} = -y^5 + 5y^3 - 5y$$

因此，y 满足一元五次方程

$$y^5 - y^4 - 4y^3 + 3y^2 + 3y - 1 = 0$$

它有 5 个根

---

① 参见 [66] 第 158–164 页。

$$R_k = -(\mathrm{e}^{\frac{2\pi\mathrm{i}}{11}k} + \mathrm{e}^{-\frac{2\pi\mathrm{i}}{11}k}) = -2\cos\frac{2k\pi}{11}, \quad k = 1,2,3,4,5$$

即

$$R_1 = -2\cos\frac{2\pi}{11}, R_2 = -2\cos\frac{4\pi}{11}, R_3 = -2\cos\frac{6\pi}{11}, R_4 = -2\cos\frac{8\pi}{11}, R_5 = -2\cos\frac{10\pi}{11}$$

第二步：令 $\omega = \mathrm{e}^{\frac{2\pi\mathrm{i}}{5}}$，$\omega^5 = 1$。能否仿照一元三次方程的"降阶"预解式 $(r_1 + \omega r_2 + \omega^2 r_3)^3$，计算

$$(R_1 + \omega R_2 + \omega^2 R_3 + \omega^3 R_4 + \omega^4 R_5)^5$$

但是，在 $(r_1, r_2), (r_1, r_3), (r_1, r_4), (r_1, r_5)$ 对换下，它有五个不同的值。

Vandermonde 的"闪光"的思想是：把上面的表达式中的 R_3 与 R_4 对换位置，计算

$$V_1 = (R_1 + \omega R_2 + \omega^2 R_4 + \omega^3 R_3 + \omega^4 R_5)^5$$

为什么要这么做？要点如下：

要点 1：R_1, R_2, R_3, R_4, R_5 除了满足普遍的根与系数关系

$$R_1 + R_2 + R_3 + R_4 + R_5 = 1$$

$$\sum_{1 \leqslant k < j \leqslant 5} R_k R_j = -4$$

$$\sum_{1 \leqslant k < j < p \leqslant 5} R_k R_j R_p = -3$$

$$R_1 R_2 R_3 R_4 + R_1 R_2 R_3 R_5 + R_1 R_2 R_4 R_5 + R_1 R_3 R_4 R_5 + R_2 R_3 R_4 R_5 = 3$$

$$R_1 R_2 R_3 R_4 R_5 = 1$$

之外，还满足下面隐秘的"特殊关系"。$\Big($用 $(-2\cos a)(-2\cos b) = -(-2\cos(a+b)) -$

$(-2\cos(a-b))$，以及 $\cos a = \cos(-a) = \cos\left(\dfrac{22\pi}{11} - a\right)$。$\Big)$

$R_1^2 = -R_2 + 2:$ $\quad \left(-2\cos\dfrac{2\pi}{11}\right)^2 = -\left(-2\cos\dfrac{4\pi}{11}\right) + 2$

$R_1 R_2 = -R_3 - R_1:$ $\quad \left(-2\cos\dfrac{2\pi}{11}\right)\left(-2\cos\dfrac{4\pi}{11}\right) = -\left(-2\cos\dfrac{6\pi}{11}\right) - \left(-2\cos\dfrac{2\pi}{11}\right)$

$R_1 R_3 = -R_4 - R_2:$ $\quad \left(-2\cos\dfrac{2\pi}{11}\right)\left(-2\cos\dfrac{6\pi}{11}\right) = -\left(-2\cos\dfrac{8\pi}{11}\right) - \left(-2\cos\dfrac{4\pi}{11}\right)$

$R_1 R_4 = -R_5 - R_3:$ $\quad \left(-2\cos\dfrac{2\pi}{11}\right)\left(-2\cos\dfrac{8\pi}{11}\right) = -\left(-2\cos\dfrac{10\pi}{11}\right) - \left(-2\cos\dfrac{6\pi}{11}\right)$

$$R_1 R_5 = -R_5 - R_4: \quad \left(-2\cos\frac{2\pi}{11}\right)\left(-2\cos\frac{10\pi}{11}\right) = -\left(-2\cos\frac{(22-10)\pi}{11}\right)$$
$$-\left(-2\cos\frac{8\pi}{11}\right)$$

$$R_2^2 = -R_4 + 2: \quad \left(-2\cos\frac{4\pi}{11}\right)^2 = -\left(-2\cos\frac{8\pi}{11}\right) + 2$$

$$R_2 R_3 = -R_5 - R_1: \quad \left(-2\cos\frac{4\pi}{11}\right)\left(-2\cos\frac{6\pi}{11}\right) = -\left(-2\cos\frac{10\pi}{11}\right) - \left(-2\cos\frac{2\pi}{11}\right)$$

$$R_2 R_4 = -R_5 - R_2: \quad \left(-2\cos\frac{4\pi}{11}\right)\left(-2\cos\frac{8\pi}{11}\right) = -\left(-2\cos\frac{(22-10)\pi}{11}\right)$$
$$-\left(-2\cos\frac{4\pi}{11}\right)$$

$$R_2 R_5 = -R_4 - R_3: \quad \left(-2\cos\frac{4\pi}{11}\right)\left(-2\cos\frac{10\pi}{11}\right) = -\left(-2\cos\frac{(22-8)\pi}{11}\right)$$
$$-\left(-2\cos\frac{6\pi}{11}\right)$$

$$R_3^2 = -R_5 + 2: \quad \left(-2\cos\frac{6\pi}{11}\right)^2 = -\left(-2\cos\frac{(22-10)\pi}{11}\right) + 2$$

$$R_3 R_4 = -R_4 - R_1: \quad \left(-2\cos\frac{6\pi}{11}\right)\left(-2\cos\frac{8\pi}{11}\right) = -\left(-2\cos\frac{(22-8)\pi}{11}\right)$$
$$-\left(-2\cos\frac{2\pi}{11}\right)$$

$$R_3 R_5 = -R_3 - R_2: \quad \left(-2\cos\frac{6\pi}{11}\right)\left(-2\cos\frac{10\pi}{11}\right) = -\left(-2\cos\frac{(22-6)\pi}{11}\right)$$
$$-\left(-2\cos\frac{4\pi}{11}\right)$$

$$R_4^2 = -R_3 + 2: \quad \left(-2\cos\frac{8\pi}{11}\right)^2 = -\left(-2\cos\frac{(22-6)\pi}{11}\right) + 2$$

$$R_4 R_5 = -R_2 - R_1: \quad \left(-2\cos\frac{8\pi}{11}\right)\left(-2\cos\frac{10\pi}{11}\right) = -\left(-2\cos\frac{(22-4)\pi}{11}\right)$$
$$-\left(-2\cos\frac{2\pi}{11}\right)$$

$$R_5^2 = -R_1 + 2: \quad \left(-2\cos\frac{10\pi}{11}\right)^2 = -\left(-2\cos\frac{(22-2)\pi}{11}\right) + 2$$

要点 2: 置换

$$g: 1 \to 2 \to 4 \to 3 \to 5 \to 1$$

$$g = \begin{pmatrix} 1 & 2 & 3 & 4 & 5 \\ 2 & 4 & 5 & 3 & 1 \end{pmatrix}$$

保持根 R_1, R_2, R_3, R_4, R_5 之间的所有关系生成的集合不变。

$$R_1^2 = -R_2 + 2 \quad \text{变为} \quad R_2^2 = -R_4 + 2$$
$$R_1 R_2 = -R_3 - R_1 \quad \text{变为} \quad R_2 R_4 = -R_5 - R_2$$
$$R_1 R_3 = -R_4 - R_2 \quad \text{变为} \quad R_2 R_5 = -R_3 - R_4$$
$$R_1 R_4 = -R_5 - R_3 \quad \text{变为} \quad R_2 R_3 = -R_1 - R_5$$
$$R_1 R_5 = -R_5 - R_4 \quad \text{变为} \quad R_2 R_1 = -R_1 - R_3$$
$$R_2^2 = -R_4 + 2 \quad \text{变为} \quad R_4^2 = -R_3 + 2$$
$$R_2 R_3 = -R_5 - R_1 \quad \text{变为} \quad R_4 R_5 = -R_1 - R_2$$
$$R_2 R_4 = -R_5 - R_2 \quad \text{变为} \quad R_4 R_3 = -R_1 - R_4$$
$$R_2 R_5 = -R_4 - R_3 \quad \text{变为} \quad R_4 R_1 = -R_3 - R_5$$
$$R_3^2 = -R_5 + 2 \quad \text{变为} \quad R_5^2 = -R_1 + 2$$
$$R_3 R_4 = -R_4 - R_1 \quad \text{变为} \quad R_5 R_3 = -R_3 - R_2$$
$$R_3 R_5 = -R_3 - R_2 \quad \text{变为} \quad R_5 R_1 = -R_5 - R_4$$
$$R_4^2 = -R_3 + 2 \quad \text{变为} \quad R_3^2 = -R_5 + 2$$
$$R_4 R_5 = -R_2 - R_1 \quad \text{变为} \quad R_3 R_1 = -R_4 - R_2$$
$$R_5^2 = -R_1 + 2 \quad \text{变为} \quad R_1^2 = -R_2 + 2$$

要点 3：置换 $g : 1 \to 2 \to 4 \to 3 \to 5 \to 1$ 是"循环"的：

$$g^2 : 1 \to 4 \to 5 \to 2 \to 3 \to 1$$
$$g^3 : 1 \to 3 \to 2 \to 5 \to 4 \to 1$$
$$g^4 : 1 \to 5 \to 3 \to 4 \to 2 \to 1$$
$$g^5 : 1 \to 1, 2 \to 2, 3 \to 3, 4 \to 4, 5 \to 5$$

记 $g^5 = 1$，称 g 为五阶元，

$$g(1) = 2, \quad g^2(1) = 4, \quad g^3(1) = 3, \quad g^4(1) = 5, \quad g^5(1) = 1$$

Vandermonde 的预解式 V_1 用"置换" g 表达就显示出它的"秘密"：

$$V_1 = (R_1 + \omega R_2 + \omega^2 R_4 + \omega^3 R_3 + \omega^4 R_5)^5$$
$$= (R_1 + \omega R_{g(1)} + \omega^2 R_{g^2(1)} + \omega^3 R_{g^3(1)} + \omega^4 R_{g^4(1)})^5$$

预解式 V_1 在 g 作用下是不变的：

$$g(V_1) = (R_{g(1)} + \omega R_{g^2(1)} + \omega^2 R_{g^3(1)} + \omega^3 R_{g^4(1)} + \omega^4 R_1)^5$$

$$= (\omega^{-1}(\omega R_{g(1)} + \omega^2 R_{g^2(1)} + \omega^3 R_{g^3(1)} + \omega^4 R_{g^4(1)} + R_1))^5$$
$$= \omega^{-5} V_1 = V_1$$
$$V_1 = g(V_1) = g^2(V_1) = g^3(V_1) = g^4(V_1)$$

上面的 R_1, R_2, R_3, R_4, R_5 的"特殊关系"推出所有 R_k 的所有"乘积"都可以表示为 $1, R_1, R_2, R_3, R_4, R_5$ 的"线性"组合,其系数是有理数。因此,V_1 可以表示为 $1, R_1, R_2, R_3, R_4, R_5$ 的"线性"组合,其系数 $A_0, A_1, A_2, A_3, A_4, A_5$ 是 ω 的有理系数多项式,即

$$V_1 = (R_1 + \omega R_2 + \omega^2 R_4 + \omega^3 R_3 + \omega^4 R_5)^5$$
$$= A_0 + A_1 R_1 + A_2 R_2 + A_3 R_3 + A_4 R_4 + A_5 R_5$$

V_1 在 g 作用下是不变的,因此

$$V_1 = g(V_1) = A_0 + A_1 R_{g(1)} + A_2 R_{g(2)} + A_3 R_{g(3)} + A_4 R_{g(4)} + A_5 R_{g(5)}$$
$$V_1 = g^2(V_1) = A_0 + A_1 R_{g^2(1)} + A_2 R_{g^2(2)} + A_3 R_{g^2(3)} + A_4 R_{g^2(4)} + A_5 R_{g^2(5)}$$
$$V_1 = g^3(V_1) = A_0 + A_1 R_{g^3(1)} + A_2 R_{g^3(2)} + A_3 R_{g^3(3)} + A_4 R_{g^3(4)} + A_5 R_{g^3(5)}$$
$$V_1 = g^4(V_1) = A_0 + A_1 R_{g^4(1)} + A_2 R_{g^4(2)} + A_3 R_{g^4(3)} + A_4 R_{g^4(4)} + A_5 R_{g^4(5)}$$

对于每个 $k = 1, 2, 3, 4, 5$,集合 $\{k, g(k), g^2(k), g^3(k), g^4(k)\}$ 中元不重复,因此必定等于 $\{1, 2, 3, 4, 5\}$,所以

$$R_k + R_{g(k)} + R_{g^2(k)} + R_{g^3(k)} + R_{g^4(k)} = R_1 + R_2 + R_3 + R_4 + R_5 = 1$$

上面 V_1 的 5 个表达式相加,用此式,得

$$5V_1 = 5A_0 + A_1 + A_2 + A_3 + A_4 + A_5$$

因为 $A_0, A_1, A_2, A_3, A_4, A_5$ 是 ω 的有理系数多项式,所以,V_1 也是 ω 的有理系数多项式,即存在有理数 a_0, a_1, a_2, a_3, a_4 使得

$$V_1 = a_0 + a_1 \omega + a_2 \omega^2 + a_3 \omega^3 + a_4 \omega^4$$

第三步:具体计算出 Vandermonde 的预解式 V_1,计算中关键用到 g 是"循环"的,

$$V_1 = (R_1 + \omega R_{g(1)} + \omega^2 R_{g^2(1)} + \omega^3 R_{g^3(1)} + \omega^4 R_{g^4(1)})^5$$
$$= (R_1 + \omega R_2 + \omega^2 R_4 + \omega^3 R_3 + \omega^4 R_5)^5$$

(1) 运用上面的 R_1, R_2, R_3, R_4, R_5 的 "特殊关系", 可以算出:

$(R_1 + \omega R_{g(1)} + \omega^2 R_{g^2(1)} + \omega^3 R_{g^3(1)} + \omega^4 R_{g^4(1)})^2$ 中无 ω 项 $= R_2 - 2R_4 + 2R_5$

(2) 运用此, 可以算出:

$$(R_1 + \omega R_{g(1)} + \omega^2 R_{g^2(1)} + \omega^3 R_{g^3(1)} + \omega^4 R_{g^4(1)})^2 \text{中} \omega^2 \text{的系数}$$

$$= \omega^{-2}(R_1 + \omega R_{g(1)} + \omega^2 R_{g^2(1)} + \omega^3 R_{g^3(1)} + \omega^4 R_{g^4(1)})^2 \text{中无 } \omega \text{ 项}$$

$$= (\omega^{-1} R_1 + R_{g(1)} + \omega R_{g^2(1)} + \omega^2 R_{g^3(1)} + \omega^3 R_{g^4(1)})^2 \quad \text{中无 } \omega \text{ 项}$$

$$= g(\omega^4 R_{g^4(1)} + R_1 + \omega R_{g(1)} + \omega^2 R_{g^2(1)} + \omega^3 R_{g^3(1)})^2 \quad \text{中无 } \omega \text{ 项}$$

$$= g(R_1 + \omega R_{g(1)} + \omega^2 R_{g^2(1)} + \omega^3 R_{g^3(1)} + \omega^4 R_{g^4(1)})^2 \quad \text{中无 } \omega \text{ 项}$$

$$= g(R_2 - 2R_4 + 2R_5)$$

$$= R_4 - 2R_3 + 2R_1$$

(3) 类似上面的 (2), 运用 g^2, g^3, g^4, 就可以算出 ω 项, ω^3 项, ω^4 项的系数, 得到

$$(R_1 + \omega R_{g(1)} + \omega^2 R_{g^2(1)} + \omega^3 R_{g^3(1)} + \omega^4 R_{g^4(1)})^2$$

$$= (R_2 - 2R_4 + 2R_5) + \omega(R_5 - 2R_1 + 2R_4) + \omega^2(R_4 - 2R_3 + 2R_1)$$

$$+ \omega^3(R_1 - 2R_2 + 2R_3) + \omega^4(R_3 - 2R_5 + 2R_2)$$

(4) 类似上面的 (1),(2),(3), 可以算出

$$(R_1 + \omega R_{g(1)} + \omega^2 R_{g^2(1)} + \omega^3 R_{g^3(1)} + \omega^4 R_{g^4(1)})^4$$

$$= (18R_1 + 12R_2 + 2R_3 - 23R_4 - 8R_5)$$

$$+ \omega(18R_5 + 12R_1 + 2R_4 - 23R_2 - 8R_3)$$

$$+ \omega^2(18R_3 + 12R_5 + 2R_2 - 23R_1 - 8R_4)$$

$$+ \omega^3(18R_4 + 12R_3 + 2R_1 - 23R_5 - 8R_2)$$

$$+ \omega^4(18R_2 + 12R_4 + 2R_5 - 23R_3 - 8R_1)$$

(5) 类似上面的 (1), (2), (3), 可以算出 Vandermonde 的预解式 V_1:

$$V_1 = (R_1 + \omega R_{g(1)} + \omega^2 R_{g^2(1)} + \omega^3 R_{g^3(1)} + \omega^4 R_{g^4(1)})^5$$

$$= 11 \times (18 + 12\omega - 23\omega^2 + 2\omega^3 - 8\omega^4)$$

$$\omega = e^{\frac{2\pi i}{5}} = \cos 72° + \sqrt{-1} \sin 72° = \frac{-1 + \sqrt{5}}{4} + \frac{\sqrt{-10 - 2\sqrt{5}}}{4}$$

$$\omega^2 = e^{\frac{4\pi i}{5}} = \cos 144° + \sqrt{-1} \sin 144° = -\cos 36° + \sqrt{-1} \sin 36°$$

$$= \frac{-1-\sqrt{5}}{4} + \frac{\sqrt{-10+2\sqrt{5}}}{4}$$

$$\omega^3 = e^{\frac{6\pi i}{5}} = \cos 216° + \sqrt{-1}\sin 216° = -\cos 36° - \sqrt{-1}\sin 36°$$

$$= \frac{-1-\sqrt{5}}{4} - \frac{\sqrt{-10+2\sqrt{5}}}{4}$$

$$\omega^4 = e^{\frac{8\pi i}{5}} = \cos 288° + \sqrt{-1}\sin 288° = \cos 72° - \sqrt{-1}\sin 72°$$

$$= \frac{-1+\sqrt{5}}{4} - \frac{\sqrt{-10-2\sqrt{5}}}{4}$$

代入上式, 终于得到了 Vandermonde 的预解式 V_1 的根式表达式

$$V_1 = \frac{11}{4}\left(89 + 25\sqrt{5} + 20\sqrt{-10-2\sqrt{5}} - 25\sqrt{-10+2\sqrt{5}}\right)$$

第四步: 把 V_1 中 ω 换成 ω^2, 记为 V_2,

$$V_2 = (R_1 + \omega^2 R_{g(1)} + (\omega^2)^2 R_{g^2(1)} + (\omega^2)^3 R_{g^3(1)} + (\omega^2)^4 R_{g^4(1)})^5$$
$$= 11 \times (18 + 12\omega^2 - 23\omega^4 + 2\omega^6 - 8\omega^8)$$
$$= 11 \times (18 + 12\omega^2 - 23\omega^4 + 2\omega - 8\omega^3)$$
$$= \frac{11}{4}\left(89 - 25\sqrt{5} + 25\sqrt{-10-2\sqrt{5}} + 20\sqrt{-10+2\sqrt{5}}\right)$$

第五步: 把 V_1 中 ω 换成 ω^3, 记为 V_3,

$$V_3 = (R_1 + \omega^3 R_{g(1)} + (\omega^3)^2 R_{g^2(1)} + (\omega^3)^3 R_{g^3(1)} + (\omega^3)^4 R_{g^4(1)})^5$$
$$= 11 \times (18 + 12\omega^3 - 23\omega^6 + 2\omega^9 - 8\omega^{12})$$
$$= 11 \times (18 + 12\omega^3 - 23\omega + 2\omega^4 - 8\omega^2)$$
$$= \frac{11}{4}\left(89 - 25\sqrt{5} - 25\sqrt{-10-2\sqrt{5}} - 20\sqrt{-10+2\sqrt{5}}\right)$$

第六步: 计算 V_4, 把 V_1 中 ω 换成 ω^4, 记为 V_4,

$$V_4 = (R_1 + \omega^4 R_{g(1)} + (\omega^4)^2 R_{g^2(1)} + (\omega^4)^3 R_{g^3(1)} + (\omega^4)^4 R_{g^4(1)})^5$$
$$= 11 \times (18 + 12\omega^4 - 23\omega^8 + 2\omega^{12} - 8\omega^{16})$$
$$= 11 \times (18 + 12\omega^4 - 23\omega^3 + 2\omega^2 - 8\omega)$$
$$= \frac{11}{4}\left(89 + 25\sqrt{5} - 20\sqrt{-10-2\sqrt{5}} + 25\sqrt{-10+2\sqrt{5}}\right)$$

第七步: 综合上面计算, 得到 5 个等式如下:

$$R_1 + R_{g(1)} + R_{g^2(1)} + R_{g^3(1)} + R_{g^4(1)} = 1$$

$$R_1 + \omega R_{g(1)} + \omega^2 R_{g^2(1)} + \omega^3 R_{g^3(1)} + \omega^4 R_{g^4(1)} = \sqrt[5]{V_1}$$

$$R_1 + \omega^2 R_{g(1)} + (\omega^2)^2 R_{g^2(1)} + (\omega^2)^3 R_{g^3(1)} + (\omega^2)^4 R_{g^4(1)} = \sqrt[5]{V_2}$$

$$R_1 + \omega^3 R_{g(1)} + (\omega^3)^2 R_{g^2(1)} + (\omega^3)^3 R_{g^3(1)} + (\omega^3)^4 R_{g^4(1)} = \sqrt[5]{V_3}$$

$$R_1 + \omega^4 R_{g(1)} + (\omega^4)^2 R_{g^2(1)} + (\omega^4)^3 R_{g^3(1)} + (\omega^4)^4 R_{g^4(1)} = \sqrt[5]{V_4}$$

对每一个 $k = 1, 2, 3, 4$，$(\omega^k)^5 = (\omega^5)^k = 1^k = 1$。因此

$$(1 - \omega^k)(1 + \omega^k + (\omega^k)^2 + (\omega^k)^3 + (\omega^k)^4) = 0$$

$$1 + \omega^k + (\omega^k)^2 + (\omega^k)^3 + (\omega^k)^4 = 0$$

$$1 + \omega^k + (\omega^2)^k + (\omega^3)^k + (\omega^4)^k = 0$$

用于上面的 5 个等式之和，得到

$$5R_1 = 1 + \sqrt[5]{V_1} + \sqrt[5]{V_2} + \sqrt[5]{V_3} + \sqrt[5]{V_4}$$

又 $R_1 = -2\cos\dfrac{2\pi}{11}$，终于得到了 $\cos\dfrac{2\pi}{11}$ 的根式表达式：

$$\cos\frac{2\pi}{11} = -\frac{1}{10}\left(1 + \sqrt[5]{\frac{11}{4}\left(89 + 25\sqrt{5} + 20\sqrt{-10 - 2\sqrt{5}} - 25\sqrt{-10 + 2\sqrt{5}}\right)}\right.$$

$$+ \sqrt[5]{\frac{11}{4}\left(89 - 25\sqrt{5} + 25\sqrt{-10 - 2\sqrt{5}} + 20\sqrt{-10 + 2\sqrt{5}}\right)}$$

$$+ \sqrt[5]{\frac{11}{4}\left(89 - 25\sqrt{5} - 25\sqrt{-10 - 2\sqrt{5}} - 20\sqrt{-10 + 2\sqrt{5}}\right)}$$

$$\left.+ \sqrt[5]{\frac{11}{4}\left(89 + 25\sqrt{5} - 20\sqrt{-10 - 2\sqrt{5}} + 25\sqrt{-10 + 2\sqrt{5}}\right)}\right)$$

其中平方根和 5 次根要取恰当的分支。

$$\sin\frac{2\pi}{11} = \sqrt{1 - \left(\cos\frac{2\pi}{11}\right)^2}$$

$x^{11} - 1 = 0$ 所有根是

$$\left(\cos\frac{2\pi}{11} + \sqrt{-1}\sin\frac{2\pi}{11}\right)^k, \quad k = 0, 1, \cdots, 10$$

总结 Vandermonde "闪光" 的思想如下：

要点 1：根 R_1, R_2, R_3, R_4, R_5 之间的所有关系包含普遍的根与系数关系之外，还有隐秘的"特殊关系"。

要点 2：置换 $g: 1 \to 2 \to 4 \to 3 \to 5 \to 1$ 保持"所有根之间的所有关系生成的集合"不变。

要点 3：置换 g 是"循环"的，$g^5 = 1$，5 是素数。

第三节　Galois 的正规子群套

为了把 Vandermonde 闪光的思想推广，需要把其中关键概念明确化。

在下面的定义中，设 R 是一个非空的有限集合。例如，R 是某个有根的多项式的所有根组成的集合。

定义 8.1　R 上的**置换**定义为从 R 到 R 的一个一一对应的映射。当 $R = \{1, \cdots, n\}$ 时，置换常写成

$$\begin{pmatrix} 1 & \cdots & n \\ j_1 & \cdots & j_n \end{pmatrix}$$

两个 n 元置换 a 与 b 的**乘积**定义为映射的复合：$(ab)(k) = a(b(k)), k \in R$。

定义 8.2　设 R 中元素个数是正整数 n。集合

$$S_n = \{R \text{ 上的所有置换}\}$$

带上置换的乘积运算叫**置换群**。S_n 中的**单位元 1** 定义为 R 上恒同映射。S_n 中的 a 的**逆元**定义为 a 的逆映射，记为 a^{-1}。定义 $a^0 = 1$。对于正整数 k，归纳地定义 $a^k = aa^{k-1}$，定义 $a^{-k} = (a^{-1})^k$。

S_n 中单位元 1 满足：任取 $a \in S_n$ 有 $a1 = a = 1a$。S_n 中的 a 的逆元 a^{-1} 满足 $aa^{-1} = 1 = a^{-1}a$。注意置换群中的乘积运算不一定交换。这使得置换群比通常的整数加法群有更加丰富多彩的内部"结构"。

定义 8.3　任意取定 R 中不同的元 i 与 j，**对换** (i, j) 是把 i 变为 j, j 变为 i，其他变为自身的置换。

定理 8.4　任何置换可以表示为有限个对换的乘积。同一个置换的两个对换乘积表示中对换的个数的奇偶性相同。

定义 8.5　如果一个置换可以表示为偶数个对换的乘积，则叫它**偶置换**。

例如：$\begin{pmatrix} r_1 & r_2 & r_3 \\ r_2 & r_3 & r_1 \end{pmatrix} = (r_1, r_2)(r_2, r_3)$ 是偶置换。

定义 8.6　设 R 中元素个数是正整数 n。集合

$$A_n = \{R \text{ 上的所有偶置换}\}$$

带上置换的乘积运算叫作**偶置换群**, 也叫作**交错群**。

定义 8.7　如果 $G \subset S_n$ 满足: (1) $a \in G$ 与 $b \in G$ 推出 $ab \in G$; (2) $a \in G$ 推出 $a^{-1} \in G$, 则 G 叫作 S_n 的**子群**。如果 $H \subset G \subset S_n$, H 与 G 都是 S_n 的子群, 则 H 也叫作 G 的子群。

定义 8.8　如果由 $a \in G$ 与 $b \in G$ 推出 $ab = ba$, 则 G 叫作**交换群**, 也叫作**Abel 群**。

定义 8.9　群 G 中元素的个数叫作群 G 的**阶**, 记为 $|G|$。

定义 8.10　如果 $H \subset$ 群 G 满足: (1) $a \in H$ 与 $b \in H$ 推出 $ab \in H$; (2) $a \in H$ 推出 $a^{-1} \in H$; (3) $a \in H$ 与 $c \in G$ 推出 $cac^{-1} \in H$, 则 H 叫作 G 的**正规子群**。

正规子群是 Galois 发现的一个最关键的概念。

定义 8.11　如果 H 是 G 的正规子群满足 $|G|/|H|$ 是素数, 则 H 叫作 G 的**素商正规子群**。

请读者注意术语"素商正规子群"只用在本书中, 这是为了在下面的叙述中避免 (对非数学专业者) 定义较为抽象的"商群"术语。

在研究字母系数的一元 n 次方程 $x^n + a_1 x^{n-1} + \cdots a_n = 0$ 的时候, 为了逻辑严格性, 需要考虑所有由字母 $a_1, \cdots, a_n$ 和有理数通过有限次四则运算得到的所有表达式组成的集合

$$Q(a_1, \cdots, a_n)$$

定义 8.12　所有有理数组成的集合记为 Q。Q 带上加法运算和乘法运算叫作**有理数域**。$Q(a_1, \cdots, a_n)$ 带上表达式加法运算和表达式乘法运算叫作 n 元**有理式域**。

一般地, 如果一个集合 F 中可以进行两种运算, 它们满足通常的加法和通常的乘法所具有的交换律、结合律、分配律、0 元律、负元律、1 元律、逆元律, 则 F 叫作**域**。

如果域 F 满足: $a \in F$, $a \neq 0$, p 个 a 相加为 0 推出 $p = 0$, 则 F 叫作**特征为 0 的域**。例如: Q 和 $Q(a_1, \cdots, a_n)$ 都是特征为 0 的域。

定义 8.13　如果一个 n 元多项式的所有系数都在域 F 中, 则它叫作域 F 上的 n 元多项式。域 F 上的所有 n 元多项式组成的集合, 带上多项式加法运算和多项式乘法运算, 叫作 F 上的 n **元多项式环**, 记为

$$F[x_1, \cdots, x_n]$$

定义 8.14　如果域 F 上的一元 n 次多项式的所有根可以由 F 中的元通过有限次四则运算和根式运算得到, 则它叫作在域 F 上**可根式解**。

在把关键概念明确化后, Évariste Galois (公元 1811—1832) 的思想可以叙述如下:

给定特征为 0 的域 F 和没有重根的 F 上的一元 n 次多项式 $f(x)$。

要点 1：$f(x)$ 的"所有根之间的所有关系"除了包含普遍的根与系数关系之外，还可能有隐秘的"特殊关系"。在有的情形，也可能没有特殊关系，此时特殊关系为空集。

要点 2：如果所有根之间的一个置换 g 保持"所有根之间的所有关系生成的集合"不变，则置换 g 叫作 $f(x)$ 的一个 **Galois 对称**。$f(x)$ 的所有 Galois 对称组成的集合带上置换的乘法叫作 $f(x)$ 的 **Galois 群**，记为 $\mathrm{Gal}(f(x))$。$\mathrm{Gal}(f(x))$ 是 S_n 的一个子群。如果没有特殊关系，则 $\mathrm{Gal}(f(x)) = S_n$。

要点 3：设 $G = \mathrm{Gal}(f(x))$。

(1) 如果 G 是"交换"群，则判定 $f(x)$ 在域 F 上可"根式"解。判定过程"停止"。

(2) 如果 G 不是交换群，则分下面两种情况：

① 如果 G 没有任何素商正规子群，则判定 $f(x)$ 在域 F 上"不可根式"解。判定过程"停止"。

② 如果 G 有"素商正规子群"G_1，则用 G_1"代替"G 重复上述判定过程 (1)，(2)。

因为每次 G_1 的阶严格小于 G 的阶，所以判定过程在有限步内必定"停止"。

上面"所有根之间的所有关系生成的集合"的说法是为了直观易懂。严格定义如下：

给定一个域 F，给定 F 上的一个一元 n 次多项式 $f(x)$，可以构造一个域 $F_1 \supset F$ 使得 $f(x)$ 在 F_1 中存在 n 个根 $r_1, \cdots, r_n$ (重根按重数重复)。

$F(r_1, \cdots, r_n)$ 记所有由根 $r_1, \cdots, r_n$ 和 F 中任意有限个任意元通过有限次四则运算得到的 F_1 中的元素所组成的集合。它是 F_1 的子域，称为 $f(x)$ 在 F 上的 **分裂域**。

Évariste Galois

用 $F[t_1, \cdots, t_n]$ 记域 F 上的所有 $t_1, \cdots, t_n$ 的多项式组成的环。每个 t_j 映为 r_j 确定一个"环同态"

$$\phi : F[t_1, \cdots, t_n] \to F(r_1, \cdots, r_n)。$$

在环同态 ϕ 下像为 0 的所有 $t_1, \cdots, t_n$ 的多项式构成的集合叫作 ϕ 的**核**，记为 $\ker\phi$。它是环 $F[t_1, \cdots, t_n]$ 的一个理想：

$$F(r_1, \cdots, r_n) \cong F[t_1, \cdots, t_n]/\ker\phi$$

在上面要点 2 的叙述中，"所有根之间的所有关系生成的集合"严格定义是理想 $\ker\phi$。

在上面要点 2 的叙述中，$f(x)$ 的 **Galois 群** $\mathrm{Gal}(f(x))$ 严格定义是所有限制在 F 上为恒同映射的、域 $F(r_1, \cdots, r_n)$ 的自同构所构成的群。

把上面"Galois 判定法"表述为定理形式，就是下面的"Galois 定理"。

定理 8.15(Galois 定理) 给定特征为 0 的域 F 和没有重根的 F 上的一元 n 次多项式 $f(x)$，则 $f(x)$ 的所有根能由 F 中元经过有限次四则运算和根式运算得到的充分必要条件是 $f(x)$ 的 Galois 群 G 有一个子群套

$$G = G_0 \supset G_1 \supset G_2 \cdots \supset G_t$$

满足

(1) 每个 G_{j+1} 是 G_j 的正规子群；

(2) 每个 $|G_j|/|G_{j+1}|$ 是素数；

(3) 最后的 G_t 是交换群。

如果一个群 G 有一个子群套满足上面条件 (1)，(2)，(3)，则 G 称为**可解的** (solvable)。

下面把 Galois 定理分别用于一元二次方程、一元三次方程、一元四次方程、一元五次方程。

一般字母系数的一元二次方程 $x^2 + bx + c = 0$ 可以看作有理式域 $Q(b,c)$ 上的一元二次方程。它的根 r_1, r_2 之间的所有关系由普遍的根与系数关系生成：

$$r_1 + r_2 = -b, \quad r_1 r_2 = c$$

一般字母系数的一元二次方程的 Galois 群为

$$\mathrm{Gal}(x^2 + bx + c) = S_2 = \{1, (1,2)\}$$

S_2 是交换群。根据 Galois 定理判定：一般字母系数的 $x^2 + bx + c = 0$ 的所有根可以由它的系数、有理数经过有限次四则运算和根式运算而得到。

一般字母系数的一元三次方程 $x^3 + ax^2 + bx + c = 0$ 可以看作有理式域 $Q(a,b,c)$ 上的一元三次方程。它的根 r_1, r_2, r_3 的所有关系由普遍的根与系数关系生成：

$$r_1 + r_2 + r_3 = -a$$
$$r_1 r_2 + r_1 r_3 + r_2 r_3 = b$$
$$r_1 r_2 r_3 = -c$$

一般字母系数的一元三次方程的 Galois 群如下：

$$\mathrm{Gal}(x^3 + ax^2 + bx + c) = S_3$$

S_3 是非交换群，它有一个素商正规子群 A_3，$|S_3|/|A_3| = 2$ 是素数。

$$S_3 \supset A_3$$

$$A_3 = \{1, (1,2)(1,3), (1,3)(1,2)\}$$

是一个交换群。根据 Galois 定理判定：一般字母系数的 $x^3 + ax^2 + bx + c = 0$ 的所有根可以由它的系数、有理数经过有限次四则运算和根式运算而得到。

一般字母系数的一元四次方程 $x^4 + ax^3 + bx^2 + cx + d = 0$ 可以看作有理式域 $Q(a, b, c, d)$ 上的一元四次方程。它的根 r_1, r_2, r_3, r_4 的所有关系由普遍的根与系数关系生成：

$$r_1 + r_2 + r_3 + r_4 = -a, \quad \cdots, \quad r_1 r_2 r_3 r_4 = d$$

一般字母系数的一元四次方程的 Galois 群如下：

$$\mathrm{Gal}(x^4 + ax^3 + bx^2 + cx + d) = S_4$$

S_4 是非交换群，它有一个素商正规子群 A_4，$|S_4|/|A_4| = 2$ 是素数。A_4 是非交换群，关键是它有一个素商正规子群 V 如下：

$$V = \{1, (1,2)(3,4), (1,3)(2,4), (1,4)(2,3)\}$$

$|A_4|/|V| = 3$ 是素数。

$$S_4 \supset A_4 \supset V$$

V 是交换群。根据 Galois 定理判定：一般字母系数的 $x^4 + ax^3 + bx^2 + cx + d = 0$ 的所有根可以由它的系数、有理数经过有限次四则运算和根式运算而得到。

一般"字母"系数的一元五次方程 $x^5 + ax^4 + bx^3 + cx^2 + dx + e = 0$ 可以看作有理式域 $Q(a, b, c, d, e)$ 上一元五次方程。它的根 r_1, r_2, r_3, r_4, r_5 的所有关系由普遍的根与系数关系生成：

$$r_1 + r_2 + r_3 + r_4 + r_5 = -a, \quad \cdots, \quad r_1 r_2 r_3 r_4 r_5 = -e$$

一般字母系数的一元五次方程的 Galois 群如下：

$$\mathrm{Gal}(x^5 + ax^4 + bx^3 + cx^2 + dx + e) = S_5$$

S_5 是非交换群，它有一个素商正规子群 A_5，$|S_5|/|A_5| = 2$ 是素数。Galois 证明了下面定理：

定理 8.16　A_5 的正规子群只有 $\{1\}$ 和 A_5 自身。

$|A_5| = 60$ 不是素数。A_5 是没有任何素商正规子群。根据 Galois 定理判定：一般字母系数的一元五次方程 $x^5 + ax^4 + bx^3 + cx^2 + dx + e = 0$ 的所有根不可能由它的系数、有理数经过有限次四则运算和根式运算而得到。

一元 n 次方程 $x^n - 1 = 0$ $(n > 1)$ 的 n 个根 $r_k = \mathrm{e}^{\frac{2\pi\mathrm{i}}{n}k}, k = 1, \cdots, n$ 除了满足普遍的根与系数关系之外，还满足特殊关系：

$$r_k = (r_1)^k$$

因此，n 个根之间的置换要保持所有根之间的所有关系生成的集合不变，必定映 r_1 为另一个根 r_g，它满足条件 "$(r_g)^k$ 列出所有 n 个根"。这个条件等价于要求 g 与 n 互素。而所有与 n 互素的 g 的模 n 同余类构成一个乘法交换群，常记为 $(Z_n)^*$。因此 $\mathrm{Gal}(x^n - 1)$ 可以看作 $(Z_n)^*$ 的子群，所以它是交换的。

定理 8.17 $\mathrm{Gal}(x^n - 1)$ 是交换群。

根据 Galois 定理判定：$x^n - 1 = 0$ 的所有根可以由有理数经过有限次四则运算和根式运算而得到。即实数 $\cos\dfrac{2\pi}{n}, \sin\dfrac{2\pi}{n}$ 可以由有理数经过有限次四则运算和根式运算而得到。

这个结果也可以由 Abel 交换定理推出。但在理论上，Galois 定理中条件是充分必要的，而 Abel 交换定理中条件仅是充分的。

Galois 思想的深刻性不仅体现在数学中，更体现在自然科学中。隐秘的"对称"是物质世界最基本数学结构之一。时间对称导致能量守恒；空间平移对称导致动量守恒；空间旋转对称导致角动量守恒；时空的 Lorentz 变换对称导致狭义相对论方程；时空的广义协变变换对称导致广义相对论方程；场的规范变换对称导致规范场论方程；时空的 Lorentz 变换对称和量子原理结合导致 Dirac 方程。

Galois 思想 = 方程背后的对称。方程不仅包括多项式方程，也包括大自然中最基本方程。

在现代数学中，对称逻辑公理化为一般的"群"的概念。

定义 8.18 如果非空集合 G 中任意两个元 a 与 b 唯一确定出 G 中一个元，记为 $a \circ b$，满足；

(1) 结合律：任取 $a, b, c \in G$，有 $(a \circ b) \circ c = a \circ (b \circ c)$；

(2) 单位元律：G 中存在一个元 e 满足任取 $a \in G$，有 $a \circ e = e \circ a = a$；

(3) 逆元律：任取 $a \in G$，G 中存在一个元 b 满足 $a \circ b = b \circ a = e$，

则 $(G, \circ)$ 叫作**群** (group)。

Galois 定理引出了一个关键的"群论"问题：如何判定一个有限群是"可解的"？

在这方面，William Burnside (公元 1852—1927) 在 1904 年证明：如果群 G 中的元素的个数是 $p^a q^b$，p 与 q 都是素数，a 与 b 都是非负整数，则 G 是可解的。由

此定理，结合其他容易的定理，可推出 60 阶以下的群都是可解的。结合上面 Galois 的 A_5 不可解定理，就知道在一般"字母"系数的一元五次方程中起关键作用的 A_5 实际上是最小的不可解的群。

John Griggs Thompson

在 1963 年, Walter Feit (公元 1930—2004) 和 John Griggs Thompson (公元 1932—) 证明了一个非常深刻的定理：每个奇数阶群都是可解的。现在叫 Feit-Thompson 定理。Thompson 被授予 1970 年 Fields 奖，1992 年 Wolf 奖，2008 年 Abel 奖。

第九章　内在空间新思维

第一节　Riemann 的新思维

Georg Friedrich Bernhard Riemann (公元 1826—1866) 对现代数学的影响是多方面的，而且是深层次的。他给复变函数、微分几何、代数几何等分支的发展带来了新的境界。他带来的不仅仅是数学知识。更具有历史变革意义的是，他带来了新的思维方式。用 Riemann 的新思维方式重新审视经典数学对象，会有"醍醐灌顶"的感觉："多值函数"变成"单值函数"，"坐标空间"变成"内在空间"，"神秘的双周期"变成"显然的圈"，等等。

Riemann 的内在空间新思维自然地提出了数学新的基本问题：内在空间的同胚分类、微分流形的微分同胚分类。这些基本问题是 20 世纪基础数学发展的一个强大动力，也继续是 21 世纪基础数学发展的一个不竭动力。它的实质是揭示经典数学对象之间最基本的"隐秘的内在联系"。

为了理解 Riemann 的"内在空间"新思维的力量，我们来看几个例子。

(一) 在高等数学课中，在实数范围内可以取定一个连续的单值分支 $\sqrt{1-x^2}$，$-1 \leqslant x \leqslant 1$ 使得 $\sqrt{1} = 1$。但当 x 在整个复平面上变化时，$\sqrt{1-x^2}$ 就是一个多值函数。要取出它的一个连续的单值分支，在经典数学中的做法是：取一条从原点到无穷远的射线 L(或一条从原点到无穷远的不自交的光滑曲线 L)，叫作割线，然后，规定 x 的变化路线不能与割线 L 相交，以保证分支的单值性。这样做，对微分运算还可以勉强接受，因为微分是局部的。但对于

$$\int_0^x \frac{\mathrm{d}x}{\sqrt{1-x^2}}$$

这样的积分，就很不方便，因为：

(1) 积分是大范围的，从点 0 到点 x 的积分道路可能会绕原点几圈后再走向点 x，因此必须与那条割线 L 相交。第一次相交时，$\sqrt{1-x^2}$ 的值必须换到另一个分支。然后第二次相交时又要换回来。

(2) 积分定义后，需要证明这样定义的积分与割线 L 的选择无关。

(3) 此方法难以推广到比 $\sqrt{1-x^2}$ 复杂的函数，如 $y = f(x)$ 满足一个非常数的复系数二元多项式方程

$$a_{00} + a_{10}x + a_{01}y + \cdots + a_{nk}x^n y^k = 0$$

首先，根据 Galois 理论，有可能不存在 y 用 x, a_{nk} 的四则与根式表述式。其次，即使存在，也可能很复杂，如一般字母系数的一元四次方程的求根根式。这样，对于一般的二元多项式，难以画清多条割线，难以理清在穿过割线时各分支之间的转换关系，难以写出

$$\int_0^x R(x,y)\mathrm{d}x$$

的表达式。

Georg Friedrich Bernhard
Riemann

这就是 Abel 在研究一般此类积分时遇到的巨大困难。[1] Riemann 在 1854 年的《关于几何基础的假设》中评论道："Such researches have become a necessity for many parts of mathematics, e.g., for the treatment of many-valued analytical functions"（引自 [56] 第 32 页。中译文：这样的研究对数学的许多部分是必要的，例如，多值解析函数的处理）。

Riemann 克服上面"多值性困难"的办法是：

第一步：定义内在空间

$$M = \{(x,y) | x^2 + y^2 = 1, x与y是复数\}$$

第二步：定义 M 上的单值函数

$$a : M \to 复数集\ C$$

$$a(x,y) = y$$

第三步：把积分 $\displaystyle\int_0^x \frac{\mathrm{d}x}{\sqrt{1-x^2}}$ 看成 M 上的积分

$$\int_0^x \frac{\mathrm{d}x}{\sqrt{1-x^2}} = \int_{(0,1)}^{(x,y)} \frac{\mathrm{d}x}{y} = \int_{(0,1)}^{(x,y)} \frac{\mathrm{d}x}{a(x,y)}$$

在此积分表达式中，从点 $(0,1)$ 到点 (x,y) 的积分路径全在 M 中。

M 定义中 x 与 y 是复数，相当于 4 个实数自由度。M 定义中复数方程 $x^2 + y^2 = 1$，相当于 2 个实数方程，限制了 2 个实数自由度。因此 M 是实 4 维线性空间 R^4 中实 2 维子空间 (曲面)，但不容易想象出它是什么形状。

---

[1] 参见 [31] 第 3 册第 36 页第 1 段最后一句"都受到处理多值函数局限性的方法的妨碍"。

Riemann 的内在空间思维方式是：把 M 看作内在空间，把 $R^4 - M$ 看作外部空间，把它们分开，然后在"内在空间 M 上"定义一个双向无穷次可微的一一对应映射 F，它把 M 变为实三维线性空间 R^3 中"通常球面 S^2 去掉两点"。

为了语言简洁，双向无穷次可微的一一对应映射叫作**微分同胚**。通过微分同胚，就能看出 M 的形状是通常球面 S^2 去掉两点。这里关键区别是：

经典数学思维的习惯是把 M 与 $R^4 - M$ 粘在一起，合为欧氏空间 R^4。

Riemann"新思维"是把 M 与 $R^4 - M$ 分开，把 M"微分同胚出去"。

通俗地说，M 还是 M，但看 M 的"眼镜"换了，就如太阳系还是太阳系，但看它的"眼镜"换了：从 Newton 引力的思维方式换为 Einstein 广义相对论的思维方式。这是人类一次科学思想解放。同样，从 Newton 微积分中欧氏空间的思维方式换为 Riemann 内在空间的思维方式也是人类一次数学思想解放：摆脱欧氏空间的束缚，摆脱"单个坐标系"的束缚。

事实上，Riemann 的内在空间思想比 Einstein 的广义相对论要早出现大约 50 多年，但 Riemann 内在空间的思维方式被大多数数学家普遍地欣赏，却是在 Einstein 广义相对论出现之后。在这里，历史见证了数学思想发展与物理思想发展相互促进的辩证关系。

关于内在空间 M 在微分同胚下分类的关键定理如下：

定理 9.1 [1]　四维线性空间中"看不见"的

$$M = \{(x,y)|x^2 + y^2 = 1, x \text{ 与 } y \text{ 是复数}\}$$

微分同胚于三维线性空间中"看得见"的球面去掉两点。

因此，积分 $\int_0^x \dfrac{\mathrm{d}x}{\sqrt{1-x^2}}$ 看成 M 上的积分

$$\int_0^x \frac{\mathrm{d}x}{\sqrt{1-x^2}} = \int_{(0,1)}^{(x,y)} \frac{\mathrm{d}x}{y} = \int_{(0,1)}^{(x,y)} \frac{\mathrm{d}x}{a(x,y)}$$

可以化到"球面去掉两点"上来做。

球面去掉两点微分同胚于一个"圆柱面"。积分道路可以绕圆柱面任意次。因此立即看出此积分的值有可数个，相互之间差一个常数 ω 的整数倍，

$$\omega = \int_{\text{绕圆柱面一圈}} \frac{\mathrm{d}x}{y}$$

这样，就用微分同胚看到了

$$\int_0^x \frac{\mathrm{d}x}{\sqrt{1-x^2}} = \text{Arcsin}x$$

---

[1] 可参考 [30] 第 16 页最后一句 $k=2$ 情形，第 87 页第 2 段，第 104 页 Example 4.20 (2)。

的值有可数个，相互之间差一个常数 ω 的整数倍。换句话说，

$$\theta = \int_0^x \frac{\mathrm{d}x}{\sqrt{1-x^2}}$$

的反函数

$$x = \sin\theta$$

是周期函数。这正是函数 $x = \sin\theta$ 最关键的性质。

(二) 现在，我们把 Riemann 的内在空间思想用于"非平凡"的例子。对于椭圆积分

$$\int_0^x \frac{\mathrm{d}x}{\sqrt{x^3+17}}$$

第一步：定义内在空间

$$N = \{(x,y) | y^2 = x^3 + 17, x \text{ 与 } y \text{ 是复数}\}$$

第二步：定义 N 上的单值函数

$$b : N \to \text{复数集 } C$$

$$b(x,y) = y$$

第三步：把椭圆积分 $\displaystyle\int_0^x \frac{\mathrm{d}x}{\sqrt{x^3+17}}$ 看成 N 上的积分

$$\int_0^x \frac{\mathrm{d}x}{\sqrt{x^3+17}} = \int_{(0,1)}^{(x,y)} \frac{\mathrm{d}x}{y} = \int_{(0,1)}^{(x,y)} \frac{\mathrm{d}x}{b(x,y)}$$

在此积分表达式中，从点 $(0,1)$ 到点 (x,y) 的积分路径全在 N 中。

关于内在空间 N 在微分同胚下分类的关键定理如下：

定理 9.2[①]   四维线性空间中"看不见"的

$$N = \{(x,y) | y^2 = x^3 + 17, x \text{ 与 } y \text{ 是复数}\}$$

并上一个"无穷远点"微分同胚于三维线性空间中"看得见"的环面。

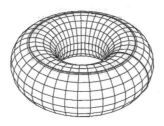

环面中 2 个"独立"的圈

① 可参考 [30] 第 16 页最后一句 $k = 3$ 情形，第 87 页第 2 段，第 104 页 Example 4.20 (3)。

因此，椭圆积分

$$\int_0^x \frac{\mathrm{d}x}{\sqrt{x^3+17}} = \int_{(0,1)}^{(x,y)} \frac{\mathrm{d}x}{y} = \int_{(0,1)}^{(x,y)} \frac{\mathrm{d}x}{b(x,y)}$$

可以化到环面上来做。环面有两个"独立"的圈。积分道路可以绕第一个圈任意 m 次，绕第二个圈任意 n 次。立即看出椭圆积分的值有可数个，相互之间差 $m\omega_1 + n\omega_2$，其中

$$\omega_1 = \int_{\text{第一个圈}} \frac{\mathrm{d}x}{y}, \quad \omega_2 = \int_{\text{第二个圈}} \frac{\mathrm{d}x}{y}$$

换句话说，椭圆积分

$$\theta = \int_0^x \frac{\mathrm{d}x}{\sqrt{x^3+17}}$$

的反函数

$$x = s(\theta)$$

是双周期函数

$$s(\theta + \omega_1) = s(\theta), \quad s(\theta + \omega_2) = s(\theta)$$

这正是椭圆函数最关键的性质。

此外，环面微分同胚于

$$S^1 \times S^1 = \{(\mathrm{e}^{\mathrm{i}t}, \mathrm{e}^{\mathrm{i}s}) | t \text{ 与 } s \text{ 是实数}\}$$

它显然有"加法"群结构

$$(\mathrm{e}^{\mathrm{i}t_1}, \mathrm{e}^{\mathrm{i}s_1}) \oplus (\mathrm{e}^{\mathrm{i}t_2}, \mathrm{e}^{\mathrm{i}s_2}) = (\mathrm{e}^{\mathrm{i}(t_1+t_2)}, \mathrm{e}^{\mathrm{i}(s_1+s_2)})$$

这样，Diaphantus、Newton、Abel、Jacobi 等研究的二元三次复曲线上的"神秘"的加法，以及椭圆函数的双周期，被 Riemann 用内在空间的微分同胚新思维"显然"地看到了。

(三) 现在，我们来看二元四次复曲线的例子。对于椭圆积分

$$\int_0^x \frac{\mathrm{d}x}{\sqrt{1-x^4}}$$

第一步：定义内在空间

$$P = \{(x,y) | x^4 + y^2 = 1, x \text{ 与 } y \text{ 是复数}\}$$

第二步：定义 P 上的单值函数

$$c: P \to \text{复数集} \mathbf{C}$$

$$c(x,y) = y$$

第三步: 把椭圆积分 $\int_0^x \dfrac{\mathrm{d}x}{\sqrt{1-x^4}}$ 看成 P 上的积分

$$\int_0^x \frac{\mathrm{d}x}{\sqrt{1-x^4}} = \int_{(0,1)}^{(x,y)} \frac{\mathrm{d}x}{y} = \int_{(0,1)}^{(x,y)} \frac{\mathrm{d}x}{c(x,y)}$$

在此积分表达式中, 从点 $(0,1)$ 到点 (x,y) 的积分路径全在 P 中。

关于内在空间 P 在微分同胚下分类的关键定理如下:

定理 9.3[①]   四维线性空间中"看不见"的

$$P = \{(x,y)|x^4+y^2=1, x \text{ 与 } y \text{ 是复数}\}$$

并上两个"无穷远点"微分同胚于三维线性空间中"看得见"的环面。

环面上看得见的两个"独立"的圈和"加法"群结构, 使得 Euler、Gauss、Abel、Jacobi 等研究的二元四次复曲线上的神秘的加法, 以及椭圆函数的双周期, 被 Riemann 用内在空间的微分同胚新思维显然地看到了。

第二节   空间的隐秘内在联系

Riemann 把内在空间 (Riemann 面) 的思想用于一般 Abel 积分的研究, 带来了真正的飞跃。[②]

对于二元任意次不可约复多项式, 关键定理如下。它是二维微分流形在微分同胚下分类定理的推论。

定理 9.4   四维线性空间中"看不见"的

$$Q = \{(x,y)|\text{不可约}a_{00}+a_{10}x+a_{01}y+\cdots+a_{nk}x^n y^k=0, x \text{ 与 } y \text{ 是复数}\}$$

在除去有限个奇点之后, 微分同胚于三维线性空间中"看得见"的、除去有限个点之后的、下面的曲面中唯一的一个: 球面 S^2, 环面 T^2, g 个环面的连通和 T_g^2 ($g > 1$)。

---

① 可参考 [30] 第 16 页最后一句 $k=4$ 情形, 奇点部分见第 226 页 7.9 (i) 。
② 可参考 [31] 第 3 册第 36 页第 2 段中评价"新的发明时期是属于 Riemann 的"、"提供了一个宽广得多的理论, 即多值函数的处理"。

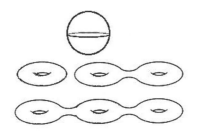

可定向道路连通闭合光滑曲面在微分同胚下分类

在二维，两个可定向道路连通闭合光滑曲面的连通和的定义如下：每个曲面上去掉一个光滑圆盘的内部，这样每个曲面都有一个边界为定向的圆周，然后把这两个定向的圆周按相反方向一一对应地、光滑地粘合在一起，得到的定向闭合曲面叫原来两个定向闭合曲面的**连通和**(connected sum)。当 $g > 2$ 时，g 个闭合定向曲面的连通和归纳地定义为一个闭合定向曲面与 $(g-1)$ 个闭合定向曲面的连通和的连通和。

自然地，想把 Riemann 的内在空间思想用于 m 个 n 元任意次多项式方程组的研究。从上面的复代数曲线的经验可以看出：首先要得到有关多元任意次多项式方程组所定义的内在空间在微分同胚下分类定理。其实质是：揭示那些"看似无关"的方程组之间"隐秘的微分同胚"关系。用现代数学语言说，就是复代数流形在微分同胚下分类问题。

这个问题是一般的微分流形在微分同胚下分类问题的子问题。它是微分拓扑学 (Differential Topology) 的基本问题。在 20 世纪和 21 世纪初的数学中，对它的研究取得了重大成果。Thom，Milnor，Smale，Novikov，Thurston，Donaldson，Freedman，Perelman 等被授予 Fields 奖的主要工作就是他们在微分流形的微分同胚分类、拓扑流形的同胚分类等一些基本问题方面的成就。但一般的微分流形的微分同胚分类问题，特别是维数是 4 的情形，和维数大于 4 但基本群不是零的情形，还远没有被完全理解。它是对"形"的认识的一个长期的基本问题。

第十章　深奥的球面

▮ 第一节　Poincaré 的新不变量

在分析学中，当函数的变量个数变多时，在代数学中，当多项式的元数变多时，在几何学中，当几何体的维数变高时，就会出现新的数学现象，数学计算也变得复杂了。这时，"不变量"的思想往往可以显示出威力 [8]。

Jules Henri Poincaré

Jules Henri Poincaré (公元 1854—1912) 在 1894—1904 年间，在数学中，系统性地、正式地引进了一系列新的不变量："基本群""同调群"。[①] 在那时，他用的数学术语是 Betti 数和挠系数。他的有些想法也起源于他前面的一些数学家，如 B. Riemann、E. Betti。

事实上，Poincaré 开创了数学的一个新分支：代数拓扑学。他引进了代数拓扑学开始阶段的基本方法：三角剖分、边缘算子、覆盖空间，等等。他发现了可定向连通闭合流形的 Betti 数有一个基本规律：Poincaré 对偶定理。他发现了 Euler 数和 Betti 数之间的一个基本联系：Euler-Poincaré 公式。

Poincaré 的科学研究领域非常广阔。在数学中，他涉及许多核心领域，如复变函数论、代数方程、常微分方程、微分几何、数论，等等。在物理学中，他涉及一些重要领域，如天体力学、电磁学、相对论，等等。Poincaré 对科学哲学也有深入的思考。在几千年的数学史上，Poincaré 很可能是最后一位对数学和应用数学具有全面知识的数学家。

Poincaré 在 1912 年去世。从此以后到现在，代数拓扑学取得了巨大的发展，对20 世纪的许多重要数学分支都产生了重大影响，从而和微分拓扑学一起，被布尔

[①] 对于 Poincaré 引进基本群的方式方法，可参考 [15] 第 295–296 页。对于 Poincaré 引进同调理论的方式方法，可参考 [15] 第 4–5, 16–35 页。

巴基学派的 Jean Dieudonné 称之为 "queen of mathematics in the 20th century" (20 世纪数学的女王)。

当代,代数拓扑学还向物理学 (如量子场论、拓扑绝缘体等)、生物学 (如 DNA 拓扑结构等) 等自然科学渗透。在科学越来越深入、技术与数据越来越复杂的时代,代数拓扑不变量思想的前途不可限量。

第二节 Poincaré 问题

在这一节里,我们集中讲一个 Poincaré 提出的问题,一段横跨 20 世纪的、惊心动魄的人类数学精神探险记。在此节,我们将尽量给出定理的出处,为想继续深入地了解的读者提供入口。

Poincaré 在 1904 年提出 **Poincaré 问题**:如果一个道路连通的 3 维闭合拓扑流形中每个简单闭合曲线都可以在此流形中连续地形变成一个点,那么是否存在一个从此流形到 3 维标准球面的一一对应的连续映射?[1]

3 维标准球面定义为

$$S^3 = \{(x_1, x_2, x_3, x_4) | x_1^2 + x_2^2 + x_3^2 + x_4^2 = 1, x_1, x_2, x_3, x_4 是实数\}$$

取 4 维欧氏空间 $\mathbf{R}^4$ 的子空间拓扑。

Poincaré 本人仅提出这个问题,并没有事先倾向于它是对的或错的。所以应叫 Poincaré 问题。但在后来的文献中常称之为 "Poincaré 猜想"。S. Smale 指出:"Poincaré states his famous problem, but not as a conjecture. The traditional description of the problem as 'Poincaré Conjecture' is inaccurate in this respect."(中译文:Poincaré 陈述了他的著名问题,但不是作为一个猜想。在这个方面传统地把这个问题称为 "Poincaré 猜想" 是不准确的。[2])

为了知道 Poincaré 问题 "微妙" 在哪,必须把其中关键概念严格地定义清楚。

定义 10.1 从拓扑空间 M 到拓扑空间 N 的两个连续映射 $f, g: M \to N$ 叫作**同伦的**(homotopic),如果存在一个连续映射 $H: [0,1] \times M \to N$ 使得任取 M 中的 x,有 $H(0, x) = f(x)$,$H(1, x) = g(x)$。

定义 10.2 拓扑空间 M 与拓扑空间 N 叫作**同伦的**,如果存在连续映射 $f: M \to N$ 和连续映射 $g: N \to M$ 使得复合映射 $f \circ g: N \to N$ 同伦于 N 上恒等映射,并且复合映射 $g \circ f: M \to M$ 同伦于 M 上恒等映射。

① 参见 [43] 第 337 页。
② 参见 [60] 第 44 页。

定义 10.3   拓扑空间 M 叫作**紧致的**(compact)，如果 M 是一些开集的并推出 M 是这些开集中有限个的并。

定义 10.4 n 维拓扑流形 M 叫作**闭合的**(closed)，如果 M 是紧致的，没有边界的。

定义 10.5   拓扑空间 M 叫作**道路连通**的，如果任取 M 中两点 a 与 b，存在一个连续映射 $f : [0,1] \to M$ 使得 $f(0) = a$ 和 $f(1) = b$。

为了得到优美的"群"结构，需要把同伦的概念改进为"基点同伦"，其定义如下：

定义 10.6   选定拓扑空间 M 中一个基点 a，选定拓扑空间 N 中一个基点 b。从 M 到 N 的两个连续映射 f, g 叫作**基点同伦的**，如果存在一个连续映射 $H : [0,1] \times M \to N$ 使得任取 M 中的 x，有 $H(0,x) = f(x), H(1,x) = g(x)$，并且任取 $[0,1]$ 中的 t，有 $H(t,a) = b$。

定义 10.7   选定拓扑空间 M 中一个基点 a，选定拓扑空间 N 中一个基点 b。设 f 是从 M 到 N 的一个连续映射满足 $f(a) = b$。则 f 的**基点同伦类**定义为所有与 f **基点同伦的**、从 M 到 N 连续映射构成的集合，记为 $[f]$。

任取非负整数 k，k 维标准球面 S^k 定义为

$$S^k = \{(x_1, \cdots, x_{k+1}) | x_1^2 + \cdots + x_{k+1}^2 = 1, x_1, \cdots, x_{k+1} 是实数\}$$

取 $k+1$ 维欧氏空间 $\mathbf{R}^{k+1}$ 的子空间拓扑。

定义 10.8   任意取定非负整数 k，选定 k 维球面 S^k 中基点 $a = (1,0,\cdots,0)$，选定拓扑空间 N 中一个基点 b，定义

$$\pi_k(N) = \{[f] | f : S^k \to N \text{ 连续}, f(a) = b\}$$

它有一个自然的群结构。$\pi_k(N)$ 带上此群结构叫作 N 的第 k 个**同伦群** (homotopy group)。$\pi_1(N)$ 又叫作 N 的**基本群** (fundamental group)。

拓扑空间 N 的"基本群是零"指的是对 N 中每个基点 b，N 基本群都只含有一个元素。S^1 记 1 维标准球面，即单位圆周，定义为

$$S^1 = \{(x_1, x_2) | x_1^2 + x_2^2 = 1, x_1, x_2 是实数\}$$

"$\pi_0(N)$ 是零"等价于拓扑空间 N 是"道路连通"的。S^0 记 0 维标准球面，定义为

$$S^0 = \{1, -1\}$$

这样原始 Poincaré 问题就可严格地表述为：如果一个道路连通的 3 维闭合拓扑流形的基本群是零，那么它是否"同胚"于 3 维标准球面？

用代数拓扑学中的定理可以证明上面表述的 Poincaré 问题等价于：如果一个 3 维闭合拓扑流形"同伦"于 3 维标准球面，那么它是否"同胚"于 3 维标准球面？

自然地，原始 Poincaré 问题可以推广为：

广义 Poincaré 问题：如果一个 n 维闭合"拓扑"流形"同伦"于 n 维标准球面，那么它是否"同胚"于 n 维标准球面？

光滑 Poincaré 问题：如果一个 n 维闭合"微分"流形"同胚"于 n 维标准球面，那么它是否"微分同胚"于 n 维标准球面？

为什么必须研究广义 Poincaré 问题和光滑 Poincaré 问题呢？在线性代数中，为了简化矩阵，首先定义几种变换：相抵变换、相似变换、合同变换；然后在这些变换下把矩阵简化为某种标准矩阵。类似地，在拓扑学中，为了简化内在空间，首先定义几种变换：同伦变换、同胚变换、微分同胚变换，然后在这些变换下把内在空间简化为某种标准空间。

最简单非平凡的"有限"空间就是 n 维标准球面。这样就提出了一个基本理论问题：什么样的"内在空间"可以"同伦变换""同胚变换""微分同胚变换"到 n 维标准球面？

下面从最简单的 1 维开始，叙述对于这个基本理论问题的结果。

定理 10.9　如果一个 1 维闭合"拓扑"流形"同伦"于单位圆周，那么它"同胚"于单位圆周。

这是经典的 1 维"拓扑"流形的同胚分类定理的推论。[1]

定理 10.10　如果一个 1 维闭合"微分"流形"同胚"于单位圆周，那么它"微分同胚"于单位圆周。

这是经典的 1 维"微分"流形的微分同胚分类定理的推论。[2]

定理 10.11　如果一个 2 维闭合"拓扑"流形"同伦"于 2 维标准球面，那么它"同胚"于 2 维标准球面。

这个定理 10.11 是由下面两个引理 10.12 和引理 10.13 结合起来推出的。

引理 10.12　任何一个 2 维"拓扑"流形一定"可三角剖分"。

这是 1925 年的 Radó 定理。[3]

引理 10.13　如果一个 2 维闭合"可三角剖分"流形"同伦"于 2 维标准球面，那么它"同胚"于 2 维标准球面。

这是经典的 2 维闭合"可三角剖分"流形的同胚分类定理的推论。[4]

定理 10.14　如果一个 2 维闭合"微分"流形"同胚"于 2 维标准球面，那么它"微分同胚"于 2 维标准球面。

---

① 参见 [33] 第 118 页 Theorem 6.1。

② 参见 [39] 第 55 页 Theorem。

③ 参见 [55]。紧致情形下的一个简短证明可参考 1968 年文 [16]。也可参考 [46] 第 60 页 Theorem 3，和 [3] 第 107 页 46A。

④ 参见 [35] 第 16 页中说明和第 29 页 Theorem 7.2，也可参考 [64] 第 69–75 页。

这是经典的 2 维闭合"微分"流形的微分同胚分类定理的推论。①

定理 10.15   如果一个道路连通的 3 维闭合拓扑流形的基本群是零, 那么它"同胚"于 3 维标准球面。即如果一个 3 维闭合拓扑流形"同伦"于 3 维标准球面, 那么它"同胚"于 3 维标准球面。即原始的 Poincaré 问题的答案是肯定的。

这个定理 10.15 是由下面引理 10.16 、引理 10.17 和定理 10.18 结合起来推出的。②

引理 10.16   任何一个 3 维"拓扑"流形一定是 PL 流形。

这是 1952 年的 Moise 定理。③

引理 10.17   任何一个 3 维 PL 流形一定是"微分"流形。

这是 1963 年的 Munkres-Hirsch-Mazur 定理用于 3 维的推论④。

定理 10.18   如果一个道路连通的 3 维闭合"微分"流形的基本群是零, 那么它"微分同胚"于 3 维标准球面。

这是最难的一步。它由 Grigori Perelman 在 2002 年证明⑤。Grigori Perelman (公元 1966 —) 被授予 2006 年 Fields 奖, 但他拒绝了领奖。

定理 10.19   如果一个 4 维闭合拓扑流形"同伦"于 4 维标准球面, 那么它"同胚"于 4 维标准球面。

这是 1982 年的 Freedman 定理⑥。Michael Hartley Freedman (公元 1951—) 被授予 1986 年 Fields 奖。

Grigori Perelman

Michael Hartley Freedman

---

① 参见 [24] 第 207 页, 3.11. Theorem。

② 参见 [44] 第 805 页 Theorem 3 后的 "For $n = 3$" 的说明。

③ 参见 [45] 第 97 页 Theorem 1 和第 96 页。此文中的术语 combinatorial manifold 现在常叫作 piecewise linear manifold, 简称 PL manifold。也可参考 [41] 第 250–251 页。

④ 参见 [50] 第 373 页 2.10, Theorem (1), 与 [23] 第 353 页 Theorem 3.1 和第 352 页第 3 段说明。也可参考 [41] 第 250–251 页。

⑤ 参见 [54] 第 37 页 13.2 最后一段。参考 [47] 第 x 页 Corollary 0.2 (a)。

⑥ 参见 [21] 第 371 页 Theorem 1.6。

4 维 "光滑" Poincaré 问题：如果一个 4 维闭合微分流形 "同胚" 于 4 维标准球面，那么它是否 "微分同胚" 于 4 维标准球面？到本书写作时 (2018 年 4 月) 为止，4 维光滑 Poincaré 问题还没有解决。

拓扑流形与微分流形的区别在 4 维上最为显著。4 维微分流形的 "特殊性" 也可在下面的定理 10.20 和定理 10.21 对照中展现出来。

定理 10.20　如果 $n \neq 4$，一个 n 维微分流形 "同胚" 于标准 n 维线性空间，那么它 "微分同胚" 于标准 n 维线性空间。

标准 n 维线性空间定义为

$$R^n = \{(x_1, \cdots, x_n) | x_1, \cdots, x_n 是实数\}$$

在 $n = 1$ 时，定理 10.20 由 1 维 "微分" 流形的微分同胚分类定理推出。[1]

在 $n = 2$ 时，定理 10.20 由 1955 年的 Munkres 定理推出。[2]

在 $n = 3$ 时，定理 10.20 由 1952 年的 Moise 定理和 1960 年的 Munkres 定理联合推出。[3]

在 $n \geqslant 5$ 时，定理 10.20 是 1962 年的 Stallings 定理。[4]

在 $n = 4$ 时则完全是另一番图景：

定理 10.21[5]　存在不可数个 4 维 "微分" 流形 "同胚" 于标准实 4 维线性空间，但它们相互之间都 "不微分同胚"。

发现定理 10.21 的关键思想来自：(1) 有关四维 "拓扑" 流形的 1982 年 M. Freedman 的论文 [21]；(2) 有关四维 "微分" 流形的 1983 年 S. Donaldson 的论文 [17]。Donaldson 的论文关键用了规范场论中 Yang-Mills 方程的 Riemann 几何形式。Michael Hartley Freedman 和 Simon Kirwan Donaldson (公元 1957 —) 同时被授予 1986 年的 Fields 奖。

此后，定理 10.21 又有了很大的推广：

Simon Kirwan Donaldson

定理 10.22[6]　任何一个道路连通的 4 维拓扑流形，在 "去掉一点" 后，获得的 4 维拓扑流形上都有不可数个微分结构类。

---

① 参见 [39] 第 55 页 Theorem。
② 参见 [48] 第 8 页第 2 段。
③ 参见 [45] 第 96 页 Theorem 3 和 Theorem 4 和第 97 页 Theorem 1，与 [49] 第 545 页 Corollary 6.6。
④ 参见 [62] 第 481 页第 2 段。
⑤ 参见 [65] 第 363 页 Theorem 1.1。
⑥ 参见 [22] 第 207 页 Theorem 2.1。

4 维标准球面在去掉一点后获得的 4 维拓扑流形就同胚于 4 维标准欧氏空间，因此定理 10.22 是定理 10.21 的推广。

定理 10.23   设 $n \geqslant 5$。如果一个 n 维闭合拓扑流形"同伦"于 n 维标准球面，那么它"同胚"于 n 维标准球面。

定理 10.23 常被称为**高维广义 Poincaré 猜想** (High dimensional generalized Poincaré conjecture)。

定理 10.23 目前有两条不同的证明逻辑途径，其中第一条证明逻辑途径是由下面引理 10.24 和定理 10.25 结合起来推出定理 10.23；第二条证明逻辑途径是 1966 年的 Newman 的证明，以及思路相似的 1967 年的 Connell 的证明。他们的证明不通过 PL 流形，直接在拓扑流形的范畴内做证明。但这个"内在"证明在时间上比上面的"外在"证明要晚几年才出现。原文见 [51] 第 570 页 Theorem 7，与 [12] 第 309 页 Corollary 1。有关当时高维广义 Poincaré 猜想的证明的一些历史过程，可参考 [60]。

引理 10.24   设 $n \geqslant 5$。如果一个 n 维闭合拓扑流形"同伦"于 n 维标准球面，那么它是 PL 流形。

这是 1969 年的 Kirby-Siebenmann 定理用于同伦球的推论。[1]

定理 10.25   设 $n \geqslant 5$。如果一个 n 维闭合 PL 流形"同伦"于 n 维标准球面，那么它"同胚"于 n 维标准球面。

定理 10.25 有两个思路不同的证明：第一个证明是 1961 年 Smale 的证明。[2] Stephen Smale(公元 1930—) 被授予 1966 年的 Fields 奖，2006—2007 年的 Wolf 奖；第二个证明是 1960 年的 Stallings 的证明 (对于 $n \geqslant 7$)，加上 1961 年的 Zeeman 对它的改进，使得它也适合 $n = 5, 6$ 的情形。[3]

Stephen Smale

---

① 参见 [29] 第 743 页 (1)。也可参考 [41] 第 251 页。
② 参见 [58] 第 391 页 Theorem B。
③ 参见 [61] 第 485 页第 3 段与 [68]。

第三节　Milnor 怪球

现在来讲高维光滑 Poincaré 问题的故事。

定理 10.26[①]　如果一个 5 维闭合微分流形同伦于 5 维标准球面，那么它"微分同胚"于 5 维标准球面。

定理 10.27[②]　如果一个 6 维闭合微分流形同伦于 6 维标准球面，那么它"微分同胚"于 6 维标准球面。

在下面的叙述中，需要"定向"的概念，其严格定义如下：

定义 10.28　n 维拓扑流形 (M, T) 上的一个**定向微分结构**指的是一个微分结构 S 在其定义 6.11 的条件 (3) 中加上转换函数的雅可比行列式在每点都是正的。

定义 10.29　n 维**定向微分流形**指的是 (M, T, S)，其中 M 是一个集合，T 是 M 上的一个拓扑，(M, T) 是一个 n 维拓扑流形，S 是 (M, T) 上的一个定向微分结构。在不引起误解时，T 和 S 常被省略。

定义 10.30　从定向微分 (M, T, S) 到定向微分流形 (M_2, T_2, S_2) 的映射 $F: M \to M_2$ 叫作**定向微分同胚**，如果它是微分同胚，并且 F 用 S 中的坐标卡和 S_2 中的坐标卡表示后在每点的雅可比行列式都是正的。

定义 10.31　定向微分流形 (M, T, S) 与定向微分流形 (M_2, T_2, S_2) 叫作**定向微分同胚的**，如果存在从 (M, T, S) 到 (M_2, T_2, S_2) 的一个定向微分同胚。

定义 10.32　n 维拓扑流形 (M, T) 上的一个**定向微分结构类**指的是一个集合 S 满足：

(1) S 中每个元是 (M, T) 上的一个定向微分结构；

(2) S 中任何两个元是定向微分同胚的。

John Willard Milnor

在数学史上，"微分"流形实质不同于"拓扑"流形的现象，首先被 John Willard Milnor (公元 1931—) 在 1956 年发现。[③] Milnor 发现的"同胚但不微分同胚"于 7 维标准球面的 7 维闭合微分流形，现在叫作 **Milnor 怪球** (exotic spheres)。

Milnor 怪球的发现使得人类对于空间概念的理解，在非欧几何之后，又来了一次革命。Milnor 被授予 1962

[①] 定理 10.26 由 1958 年的 Milnor [37] 第 1 页和第 32 页中的结果 $\theta^5 = 0$ 与 1962 年的 Smale [59] 第 387 页 Theorem 1.1 联合推出。1962 年的 Smale[59] 第 387 页 Theorem 1.1 现在叫作 Smale h-cobordism theorem。它是高维微分拓扑学和几何拓扑学的一个基本定理。

[②] 定理 10.27 由 1962 年的 Smale [59] 第 387 页 Theorem 1.1，与 1963 年的 Kervaire 和 Milnor [28] 第 504 页中的结果 $[\theta_6] = 1$ 联合推出。

[③] 原文见 [36] 第 403 页 Theorem 3。

年的 Fields 奖、1989 年的 Wolf 奖、2011 年的 Abel 奖。

定理 10.33[①]   恰好存在 28 个 7 维闭合定向"微分"流形同胚于 7 维标准球面, 它们之间相互"不定向微分同胚"。更进一步地说, 同胚于 7 维标准球的所有定向微分结构类恰好有 28 个, 并且它们构成一个 28 阶的循环群。

Egbert Valentin Brieskorn (公元 1936—2013) 在 1966 年发现一类简单多项式方程组, 背后隐藏着这 28 个 7 维怪球。[②]

定理 10.34   下面 28 个 7 维闭合定向微分流形同胚于 7 维标准球面, 但它们之间相互"不定向微分同胚":

$$\Sigma_k^7 = \{(z_1, z_2, z_3, z_4, z_5) | z_1^{6k-1} + z_2^3 + z_3^2 + z_4^2 + z_5^2 = 0,$$

$$|z_1|^2 + |z_2|^2 + |z_3|^2 + |z_4|^2 + |z_5|^2 = 1, z_1, z_2, z_3, z_4, z_5 \text{ 是复数}\}, \quad k = 1, \cdots, 28$$

当 $n > 7$ 时, 同胚于 n 维标准球面的所有定向微分结构类恰好有多少个? Kervaire 和 Milnor 在 1963 年把这个问题主要地归结到同伦论。这是下一章的主题。

---

① 定理 10.33 由 1963 年的 Kervaire 和 Milnor [28] 第 512 页中结果 "$\theta_7/bP_8 = 0$, bP_8 is finite cyclic, order of bP_8 is 28", 与 1962 年的 Smale [59] 第 387 页 Theorem 1.1 一起推出来。

② 参见 [11] 第 2 页。

第十一章　对称背后的同伦

第一节　同伦简化复杂性

下面介绍在现代数学中一个强大的数学思想：同伦思想。数学的复杂性可以来自多变量、非线性、大范围、非交换 [8]。同伦思想的力量在于简化这些复杂性，同时又保留其"最重要的特征"。下面用一个例子来说明：

例　任意给定正整数 n，一个实系数多项式

$$f(x) = x^n + a_{n-1}x^{n-1} + \cdots a_0$$

可以看作从实数空间 $\mathbf{R}$ 到 $\mathbf{R}$ 的映射，又定义 $f(无穷远点) = 无穷远点$。实数空间 $\mathbf{R}$ 并上一个无穷远点可以同胚于单位圆周 S^1。因此 f 可以看作是从 S^1 到 S^1 的连续映射。

定理 11.1　任何从 S^1 到 S^1 的连续映射 f 都可以通过从 S^1 到 S^1 的连续映射，"连续地形变"为唯一的一个标准映射 $z \to z^n$，这里 $z \in S^1$ 表示为模长为 1 的复数，n 是整数。

多项式 f 有很多系数，它被简化了，但保留了"最重要的特征"：度 (degree) n。"度"告诉了多项式复数根的个数 (重根记重数)。上面定理也可用来定义任何从 S^1 到 S^1 连续映射 f 的度。

这个简化过程，就是上面定理中的"连续形变"，就是同伦的概念。其严格定义已在前面的定义 10.1 和定义 10.6 给出。

在多变量时，同伦思想的意义有：

(1) 使得简化后的数学对象比较好处理。

(2) "同伦不变量"有许多。例如：基本群、同调群、上同调环、上同调运算、K-群、广义上同调运算、同伦群，等等。

(3) 这些同伦不变量留下了最重要的特征，成为进一步研究的基础。如代数曲线的亏格就是同伦不变量，它是进一步研究代数曲线的基础。

开始时，同伦论的目标是计算出所有 n 维球面的所有同伦群 $\pi_k(S^n)$，因为球面是看似简单的紧致空间。同伦群的严格定义已在前面的定义 10.8 给出。

当 $k < n$ 时，球面的同伦群 $\pi_k(S^n) = 0$。这是平凡的。当 $k = n$ 的，有下面的 1935 年的 Hopf 定理：

定理 11.2   对于任意正整数 n，球面的同伦群 $\pi_n(S^n)$ 同构于整数加法群。

当 $k > n$ 时，一般情况时遇到了异常的困难。第一个突破性的进展是 1951 年的 Serre 定理[①]：

定理 11.3   当 n 是正偶数并且 $k = 2n-1$ 时，$\pi_{2n-1}(S^n)$ 同构于整数加法群与一个"有限"交换群的直和。对于 $k > n$ 的其他情况，$\pi_k(S^n)$ 是"有限"交换群。

Jean-Pierre Serre

更具有开辟性的意义的是，Serre 这篇 1951 年的文章使用和发展了 Leray 在 1949 年发明的谱序列 (spectral sequence) 计算方法，把此后的代数拓扑学的计算能力带到了一个新的高度。Jean-Pierre Serre (公元 1926 —) 被授予 1954 年的 Fields 奖、2000 年的 Wolf 奖和 2003 年的第一届 Abel 奖。

但是，对于看似简单的二维球面 S^2，它所有同伦群 $\pi_k(S^2)$，到本书写作时为止，数学家们只算出其中很少的一部分。

数学史的经验表明，当习惯思维方向和方式陷入"绝境"时，往往需要改变的是数学家们自己的思维方向和方式。

第二节   矩阵群的同伦群

Raoul Bott 换了思考方向：他从研究几何球面与几何球面的最基本联系的方向，换到研究几何球面与代数矩阵的最基本联系的方向。奇迹发生了：

(1) 复稳定矩阵群 GL 的"全部"同伦群都能算出来；

(2) 而且显示了最简单的非平凡的规律：周期是 2。

此处复稳定矩阵群 GL 的严格定义见后面的定义 11.10。

定理 11.4   对于所有非负整数 k，有 $\pi_{k+2}(\mathrm{GL})$ 群同构于 $\pi_k(\mathrm{GL})$。当 k 是正奇数 $2b+1$ 时，$\pi_{2b+1}(\mathrm{GL})$ 同构于整数加法群。当 k 是非负偶数 $2b$ 时，$\pi_{2b}(\mathrm{GL})$ 同构 $\{0\}$。

---

① 参见 [57] 第 498 页，Proposition 5。

Raoul Bott (公元 1923—2005) 在 1957 年发现并
证明了 Bott 周期律[①]，被授予 2000 年 Wolf 奖。

很多文献用稳定酉群 U 代替此处的复稳定矩阵
群 GL。U 与 GL 是同伦的，因此它们的同伦群是同
构的。GL 的定义比 U 的定义更快捷，所以此处采用
GL。

上面介绍的是复 Bott 周期律。还有实 Bott 周期
律，它的周期是 8。

下面用线性代数语言来介绍 Bott 周期律的实质内
容。矩阵隐藏着许多秘密的数学结构。Bott 矩阵函数
就是这样一个隐藏着的秘密结构。Bott 矩阵函数从 2
维开始，从 2 维到 4 维，再到 6 维，再到所有的偶数
维。构造 Bott 矩阵函数的起点是 3 个矩阵，物理上叫
作 Pauli 矩阵：

Raoul Bott

$$\boldsymbol{\sigma}_1 = \begin{bmatrix} 0 & 1 \\ 1 & 0 \end{bmatrix}, \quad \boldsymbol{\sigma}_2 = \begin{bmatrix} 0 & -i \\ i & 0 \end{bmatrix}, \quad \boldsymbol{\sigma}_3 = \begin{bmatrix} 1 & 0 \\ 0 & -1 \end{bmatrix}$$

$$\boldsymbol{\sigma}_1 \boldsymbol{\sigma}_2 = i\boldsymbol{\sigma}_3 = -\boldsymbol{\sigma}_2 \boldsymbol{\sigma}_1$$

为了数学结构的优美，作变换

$$\boldsymbol{Q}_1 = i\sigma_3 = \begin{bmatrix} i & 0 \\ 0 & -i \end{bmatrix}, \quad \boldsymbol{Q}_2 = i\sigma_2 = \begin{bmatrix} 0 & 1 \\ -1 & 0 \end{bmatrix}, \quad \boldsymbol{Q}_3 = i\sigma_1 = \begin{bmatrix} 0 & i \\ i & 0 \end{bmatrix}$$

这样

$$\boldsymbol{Q}_1 \boldsymbol{Q}_2 = \boldsymbol{Q}_3 = -\boldsymbol{Q}_2 \boldsymbol{Q}_1$$

此表达式的系数是实数，从而引出实数域上一个代数结构。它实际上是 Hamilton
四元数 H 的一个矩阵表示 $i = \boldsymbol{Q}_1, j = \boldsymbol{Q}_2, k = \boldsymbol{Q}_3$。

定义 11.5　所有 k 阶可逆复数方阵构成的集合记为 $\mathrm{GL}(k,C)$。$\mathrm{GL}(k,C)$ 作
为欧氏空间 $\mathbf{R}^{2k^2}$ 的子集取子空间拓扑。$\mathrm{GL}(k,C)$ 上矩阵乘法使得 $\mathrm{GL}(k,C)$ 成为
一个群。取得此拓扑和此群结构后的 $\mathrm{GL}(k,C)$ 叫作**一般复线性群** (general complex
linear group)。

回顾 k 维标准球面定义为

$$S^k = \{(x_1, \cdots, x_{k+1}) | x_1^2 + \cdots + x_{k+1}^2 = 1, x_1, \cdots, x_{k+1}是实数\}$$

---

① 参见 [10] 第 933 页 1. Theorem。

用 I_k 表示 k 阶单位矩阵。对于复数矩阵 A，A^{T} 表示 A 的转置，$\overline{A}$ 表示 A 的共轭，A^* 表示 $\overline{A^{\mathrm{T}}}$。下面定义 Bott 矩阵函数。

定义 11.6 设 n 是非负整数。Bott 矩阵函数

$$B_{2n+1}: S^{2n+1} \to \mathrm{GL}(2^n, C)$$

归纳地定义如下：

$$B_1(x_1, x_2) = x_1 + \mathrm{i}x_2$$
$$B_3(x_1, x_2, x_3, x_4)$$
$$= x_1 I_2 + x_2 Q_1 + x_3 Q_2 + x_4 Q_3$$
$$= \begin{bmatrix} x_1 + \mathrm{i}x_2 & x_3 + \mathrm{i}x_4 \\ -x_3 + \mathrm{i}x_4 & x_1 - \mathrm{i}x_2 \end{bmatrix} = \begin{bmatrix} B_1(x_1, x_2) & (x_3 + \mathrm{i}x_4)I_1 \\ (-x_3 + \mathrm{i}x_4)I_1 & B_1(x_1, x_2)^* \end{bmatrix}$$
$$B_5(x_1, x_2, x_3, x_4, x_5, x_6)$$
$$= \begin{bmatrix} B_3(x_1, x_2, x_3, x_4) & (x_5 + \mathrm{i}x_6)I_2 \\ (-x_5 + \mathrm{i}x_6)I_2 & B_3(x_1, x_2, x_3, x_4)^* \end{bmatrix}$$
$$B_{2n+1}(x_1, \cdots, x_{2n}, x_{2n+1}, x_{2n+2})$$
$$= \begin{bmatrix} B_{2n-1}(x_1, \cdots, x_{2n}) & (x_{2n+1} + \mathrm{i}x_{2n+2})I_{2^{n-1}} \\ (-x_{2n+1} + \mathrm{i}x_{2n+2})I_{2^{n-1}} & B_{2n-1}(x_1, \cdots, x_{2n})^* \end{bmatrix}$$

定义 11.7 如果 A 是 k 阶复数方阵，B 是 p 阶复数方阵，则定义 $k+p$ 阶复数方阵

$$A \oplus B = \begin{bmatrix} A & O \\ O & B \end{bmatrix}$$

用线性代数语言，复 Bott 周期律可以表述如下：

定理 11.8 设 n 是非负整数，

(1) 任意给定一个连续的可逆复数矩阵函数

$$h: S^{2n+1} \to \mathrm{GL}(k, C)$$

则 $h\oplus$（充分大阶单位阵），都可以在可逆复数矩阵函数内，连续变化为 Bott 矩阵函数的某个"唯一"的 d 次幂 $\oplus$（某阶单位阵）。具体地说，存在唯一整数 d，存在充分大的 q 使得 $q \geqslant 2^n$，存在连续的可逆复数矩阵函数

$$H: S^{2n+1} \times [0,1] \to \mathrm{GL}(q, C)$$

使得对于任何 $x \in S^{2n+1}$，有

$$H(x, 0) = h(x, 0)$$

$$\boldsymbol{H}(x,1) = B_{2n+1}(x)^d \oplus \boldsymbol{I}_{q-2^n}$$

(2) 任意给定一个连续的可逆复数矩阵函数

$$h : S^{2n} \to \mathrm{GL}(k,C)$$

则 $h \oplus$ (充分大阶单位阵)，都可以在可逆复数矩阵函数内，连续变化为某阶单位阵。
具体地说，存在充分大的 q 使得 $q \geqslant 2^n$，存在连续的可逆复数矩阵函数

$$\boldsymbol{H} : S^{2n} \times [0,1] \to \mathrm{GL}(q,C)$$

使得对于任何 $x \in S^{2n}$，有

$$\boldsymbol{H}(x,0) = h(x,0)$$

$$\boldsymbol{H}(x,1) = \boldsymbol{I}_q$$

上面用线性代数语言，叙述得很长。这是初级数学语言的缺点。初级数学语言
优点是具体。数学追求语言简洁，因此，需要高级数学语言。

定义 11.9 如果 $\boldsymbol{A} \in \mathrm{GL}(k,C)$，$\boldsymbol{B} \in \mathrm{GL}(p,C)$，存在非负整数 a,b 使得

$$\boldsymbol{A} \oplus \boldsymbol{I}_a = \boldsymbol{B} \oplus \boldsymbol{I}_b$$

则 $\boldsymbol{A}$ 与 $\boldsymbol{B}$ 称为**稳定相等**。$\boldsymbol{A}$ 的**稳定相等类**定义为所有与 $\boldsymbol{A}$ 稳定相等的可逆复数
方阵组成的集合，记为 $[\boldsymbol{A}]$。

定义 11.10 集合

$$\mathrm{GL} = \{[\boldsymbol{A}] | \boldsymbol{A} \text{取所有阶的所有可逆复数方阵}\}$$

GL 上群结构定义为：如果 $\boldsymbol{A} \in \mathrm{GL}(k,C)$，$\boldsymbol{B} \in \mathrm{GL}(p,C)$，则

$$[\boldsymbol{A}][\boldsymbol{B}] = [(\boldsymbol{A} \oplus \boldsymbol{I}_p)(\boldsymbol{B} \oplus \boldsymbol{I}_k)]$$

定义映射

$$[k] : \mathrm{GL}(k,C) \to \mathrm{GL}$$

$$[k](\boldsymbol{A}) = [\boldsymbol{A}]$$

GL 上拓扑定义为：GL 的子集 V 是开集充要条件是对所有正整数 k，V 的 $[k]$ 原
像是 $\mathrm{GL}(k,C)$ 中的开集。集合 GL 带上此群结构和此拓扑后叫作**复稳定矩阵群**。

需要注意的是 GL 上此拓扑叫作**弱拓扑**(weak topology)，可能不同于 L 上可
以定义的其他拓扑。用了这个高级数学语言，复 Bott 周期律就简洁地表述为：

定理 11.11 对于所有非负整数 b，$\pi_{2b+1}(\mathrm{GL})$ 同构于整数加法群，$\pi_{2b}(\mathrm{GL})$ 同
构于 $\{0\}$。

第三节   Atiyah-Singer 指标定理

Bott 周期律的意义在于: 它提供了从 k 维到 $k+2$ 维一个 "梯子"。不断地通过这个 "Bott 梯子", 就可能把某类 $2n$ 维的复杂问题归约为 "2 维"的简单问题, 把某类 $2n+1$ 维的复杂问题归约为 1 维的简单问题。而椭圆型线性微分算子的"指标"问题正好是这类问题。

因此, 通过 "Bott 梯子", 就可推出 Atiyah-Singer 指标定理。参考文献 [6] 第 487 页中有关 "reduced" 文字和第 488 页第 3 段有关 "periodicity" 文字。具体归约过程: 文献 [6] 中通过第 504 页 (B3) (B3') (B3") 把任意维归约到 2 维和 1 维。而 2 维和 1 维的计算公式写在第 503 页 (B2') 和第 507 页 (B2") 中。

Atiyah-Singer 指标定理是 20 世纪数学的一个中心定理。它蕴含了数学中多个重大定理。例如: 代数几何中的 Riemann-Roch-Hirzebruch 定理、自旋 (spin) 几何中的 Dirac 算子的指标公式、微分拓扑中的 Hirzebruch 指标定理、4 维微分拓扑学中 Rochlin 定理、Yang-Mills 模空间的维数公式, 等等。[①]

这些核心数学分支的重大定理, 都可以追根到 Bott 周期律, 足以表明 Bott 周期律的深度, 同伦思想的力量。

以 Bott 周期律为基石, 可以发展出拓扑 K- 理论 [6]。然后, 用拓扑 K- 理论就可以推出 Atiyah-Singer 指标定理。[②]

Michael F. Atiyah

Isadore M. Singer

Atiyah-Singer 指标定理的基本内容可以大致表述为[③]:

---

① 参见 [5] 第 425 页中 "Special cases", 也可参见 [7] 第 559 页第 3 节、第 563 页第 4 节、第 568 页第 5 节、第 572 页第 6 节。

② 参见 [6] 第 508 页有关 "t-ind = a-ind" 的一段。

③ 准确表述参见 [5] 第 425 页, Theorem 1。

任何 n 维闭合定向微分流形 M 上的任何椭圆型复线性微分算子
D 的核 $\mathrm{ker}D$ 的复维数 $-\mathrm{Coker}D$ 的复维数
$= \langle (\text{Thom 同构}^{-1}(\text{陈特征 [丛差 (符号 (D))]}))$
$\cup \text{Todd 类}(M\text{切丛} \otimes_R C), \text{基本类}[M] \rangle$

Atiyah-Singer 指标定理的要义是：公式的左边代表"分析"，公式的右边代表"拓扑"，从而为数学两大领域"分析"和"拓扑"架了一座"桥"，是"数"与"形"在数学"高峰"上的一种统一。Michael Francis Atiyah (公元 1929—) 被授予 1966 年 Fields 奖，2004年 Abel 奖。Isadore Manuel Singer (公元 1924—) 被授予 2004 年 Abel 奖。

陈省身

在 Atiyah-Singer 指标定理中出现的"陈特征" (Chern character) 是更加基本的"陈类"的有理系数的多项式。陈类 (陈省身示性类，Chern class) 是复向量丛的同构不变量，是数学中的一类核心不变量。陈类在现代物理学中的规范场理论、拓扑绝缘体等领域中也有基本意义。陈省身 (公元 1911—2004) 被授予 1984 年的 Wolf 奖。

19 世纪的 Galois 理论用正规子群揭示了"一元多项式方程"的可解性的秘密。20 世纪的 Atiyah-Singer 指标理论用代数拓扑揭示了"椭圆型线性偏微分方程组"解空间的维数的秘密。Atiyah-Singer 指标理论是 20 世纪数学在数学史上一个标志。

参 考 文 献

[1] ADAMS J F. On the non-existence of elements of Hopf invariant one[J]. Annals of Mathematics, 1960, 72(1): 20-104.

[2] ADAMS J F. Vector fields on spheres[J]. Annals of Mathematics, 1962, 75(3): 603-632.

[3] AHLFORS L V, SARIO L. Riemann Surfaces[M]. Princeton, New Jersey: Princeton University Press, 1960.

[4] ATIYAH M F, HIRZEBRUCH F. Bott periodcity and the parallelizability of the spheres[J]. Proc. Cambridge Philos. Soc., 1961, 57: 223-226.

[5] ATIYAH M F, SINGER I M. The index of elliptic operators on compact manifolds[J]. Bull. Amer. Math. Soc., 1963, 65: 422-433.

[6] ATIYAH M F, SINGER I M. The index of elliptic operators: I [J]. Annals of Mathematics, Second Series, 1968, 87(3): 484-530.

[7] ATIYAH M F, SINGER I M. The index of elliptic operators: III [J]. Annals of Mathematics, Second Series, 1968, 87(3): 546-604.

[8] ATIYAH M F. Mathematics in the 20th century[J]. Bull. London Math. Soc., 2002, 34: 1-15.

[9] BOREL A, HIRZEBRUCH F. Characteristic classes and homogeneous spaces II [J]. American Journal of Mathematics, 1959, 81(2): 315-382.

[10] BOTT R. The stable homotopy of the classical groups[J]. Proceedings of the National Academy of Sciences of USA, 1957, 43: 933-935.

[11] BRIESKORN E. Beispiele zur Differentialtopologie von Singularitäten[J]. Inventiones Math., 1966, 2: 1-14.

[12] CONNELL E H. A topological h-cobordism theorem for $n \geqslant 5$ [J]. Illinois J. Math., 1967, 11: 300-309.

[13] COX D A. Galois Theory[M]. Hoboken, New Jersey: John Wiley & Sons, Inc., 2004.

[14] DEHN M, HEEGAARD P. Analysis situs[J]. Encykl. Math Wiss., 1907, 3(3): 153-220.

[15] DIEUDONNÉ J. A History of Algebraic and Differential Topology, 1900–1960[M]. Boston: Birkhäuser, 1989.

[16] DOYLE P H, MORAN D A. A short proof that compact 2-manifolds can be triangulated[J]. Inventiones Math. 1968, 5: 160-162.

[17] DONALDSON S K. An application of gauge theory to four-dimensional topology[J].

Journal of Differential Geometry, 1983, 18: 279-315.

[18]　DUBROVIN B A, FOMENKO A T, NOVIKOV S P. Modern Geometry-Methods and Applications, Part III, Introduction to Homology Theory[M]. Translated by Robert G. Burns. New York: Springer-Verlag Inc., 1990.

[19]　EUCLID. The Thirteen Books of Euclid's Elements: Translated from the text of Heiberg with introduction and commentary by Sir Thomas L. Heath, Volume I, Introduction and Books I, II [M]. 2nd ed. New York: Dover Publications, Inc., 1956.

[20]　FEYNMAN R P, LEIGHTON R B, SANDS M. The Feynman Lectures on Physics, Volume II [M]. The new millennium ed. New York: Basic Books, 2010.

[21]　FREEDMAN M H. The topology of four-dimensional manifolds[J]. Journal of Differential Geometry, 1982, 17: 357-453.

[22]　GOMPF R E. An exotic menagerie[J]. Journal of Differential Geometry, 1993, 37: 199-223.

[23]　HIRSCH M W. Obstruction theories for smoothing manifolds and maps[J]. Bull. Amer. Math. Soc., 1963, 69: 352-356.

[24]　HIRSCH M W. Differential Topology[M]. New York: Springer-Verlag Inc., 1976.

[25]　JACOBSON N. Basic Algebra I [M]. 2nd ed. New York: W. F. Freeman and Company, 1985.

[26]　李秋零. 康德著作全集: 第 4 卷 [M]. 北京: 中国人民大学出版社, 2005.

[27]　KERVAIRE M A. Non-parallelizability of the n-sphere for $n > 7$ [J]. Proceedings of the National Academy of Sciences of USA, 1958, 44: 280-283

[28]　KERVAIRE M A, MILNOR J W. Groups of homotopy spheres, I [J]. Annals of Mathematics, Second Series, 1963, 77(3): 504-537.

[29]　KIRBY R C, SIEBENMANN L C. On the triangulation of manifolds and the Hauptvermutug[J]. Bull. Amer. Math. Soc., 1969, 75: 742-709.

[30]　KIRWAN F. Complex Algebraic Curves[M]. Cambridge, Eng.: Cambridge University Press, 1992.

[31]　克莱因 M. 古今数学思想 [M]. 张理京, 等译. 上海: 上海科学技术出版社, 2002.

[32]　LAWSON H B, Jr, MICHELSOHN M L. Spin Geometry[M]. Princeton, New Jersey: Princeton University Press, 1989.

[33]　LEE J M. Introduction to Topological Manifolds[M]. New York: Springer-Verlag Inc., 2000.

[34]　李文林. 数学史概论 [M]. 3 版. 北京: 高等教育出版社, 2011.

[35]　MASSEY W S. Algebraic Topology: An Introduction[M]. New York: Springer-Verlag Inc., 1967.

[36]　MILNOR J W. On manifolds heomeomorphic to the 7-sphere[J]. Annals of Mathematics, 1956, 64(2): 399-405.

[37]　MILNOR J W. Differentiable manifolds which are homotopy sphere[Z].

mimeographed notes. Princeton, New Jersey: [s.n.], 1958.

[38] MILNOR J W. Some consequences of a theorem of Bott[J]. Annals of Mathematics, 1958, 68(2): 444-449.

[39] MILNOR J W. Topology from the Differentiable Viewpoint[M]. Charlottesville, Virginia: The University Press of Virginia, 1965.

[40] MILNOR J W, HUSEMOLLER D. Symmetric Bilinear Forms[M]. Berlin: Springer-Verlag Inc., 1973.

[41] MILNOR J W, STASHEFF J D. Characteristic Classes[M]. Princeton, New Jersey: Princeton University Press, 1974.

[42] MILNOR J W. Hyperbolic geometry: the first 150 years[M]//John Milnor Collected Papers, Volume 1, Geometry. Houston, Texas: Publish or Perish Inc., 1994: 245-260.

[43] MILNOR J W. The Poincaré conjecture one hundred years later[M]//Collected Papers of John Milnor, IV, Homotopy, Homology and Manifolds, edited by John McCleary. Providence, Rhode Island: Amer. Math. Soc., 2009: 337-344.

[44] MILNOR J W. Differential topology forty-six years later[J]. Notices of Amer. Math. Soc., 2011, 58(6): 804-809.

[45] MOISE E E. Affine structures in 3-manifolds. V. The triangulation theorem and Hauptvermutung[J]. Annals of Mathematics, 1952, 56: 96-114.

[46] MOISE E E. Geometric Topology in Dimensions 2 and 3 [M]. New York: Springer-Verlag Inc., 1977.

[47] MORGAN J, TIAN G. Ricci flow and the Poincaré conjecture: Clay Mathematics Monographs, Volume 3 [M]. Providence, Rhode Island: Amer. Math. Soc., 2007.

[48] MUNKRES J R. Some applications of triangulation theorems: Ph.D. dissertation [D]. Ann Arbor, Michigan: University of Michigan, 1955.

[49] MUNKRES J. Obstructions to the smoothing of piecewise-differentiable homeomorphisms[J]. Annals of Mathematics, Second Series, 1960, 72(3): 521-554.

[50] MUNKRES J. Obstructions to imposing differentiable structures[J]. Illinois J. Math., 1964, 8: 361-376.

[51] NEWMAN M H A. The engulfing theorem for topological manifolds[J]. Annals of Mathematics, Second Series, 1966, 84(3): 555-571.

[52] 牛顿 I. 自然哲学之数学原理 [M]. 王克迪, 译. 西安: 陕西人民出版社, 武汉: 武汉出版社, 2001.

[53] NOVIKOV S P. Topology in the 20th century: a view from the inside[J]. Russian Math. Surveys, 2004, 59(5): 803-829.

[54] PERELMAN G. The entropy formula for the Ricci flow and its geometric applications[Z/OL]. (2002-11-11)[2017-04-30]. https://arxiv.org/pdf/math/0211159v1.pdf.

[55] RADÓ T. Über den Begriff der Riemannschen Fläche[J]. Acta. Litt. Scient. Univ., 1925, 2: 101-121.

[56] RIEMANN B. On the Hypotheses Which Lie at the Bases of Geometry[M]. Jürgen Jost, editor. Switzerland：Springer International Publishing AG, 2016.

[57] SERRE J P. Homologie singuliere des espaces fibres[J]. Annals of Mathematics, Second Series, 1951, 54(3): 425-505.

[58] SMALE S. Generalized Poincare's conjecture in dimensions greater than four[J]. Annals of Mathematics, Second Series, 1961, 74(2): 391-406.

[59] SMALE S. On the structure of manifolds[J]. American Journal of Mathematics, 1962, 84(3): 387-399.

[60] SMALE S. The story of the higher dimensional Poincaré conjecture (what actually happened on the beaches of Rio)* [J]. Math. Intelligencer, 1990, 12(2): 44-51.

[61] STALLINGS J. Polyhedral homotopy-spheres[J]. Bull. Amer. Math. Soc., 1960, 66: 485-488.

[62] STALLINGS J. The piecewise-linear structure of Euclidean space[J]. Proc. Cambridge Philos. Soc., 1962, 58: 481-488.

[63] STILLWELL J. Mathematics and Its History[M]. New York: Springer-Verlag Inc., 1989.

[64] STILLWELL J. Classical Topology and Combinatorial Group Theory[M]. 2nd ed. New York: Springer-Verlag Inc., 1993.

[65] TAUBES C H. Gauge theory on asymptotically periodic 4-manifolds[J]. Journal of Differential Geometry, 1987, 25: 363-430.

[66] TIGNOL J P. Galois Theory of Algebraic Equations[M]. Singapore: World Scientific Publishing Co. Pte. Ltd., 2001.

[67] 叶秀山. 哲学要义 [M]. 北京: 北京联合出版公司, 2015.

[68] ZEEMAN E C. The generalised Poincaré conjecture[J]. Bull. Amer. Math. Soc., 1961, 67(3): 270.

索　引